TURING

图灵教育

站在巨人的肩上

Standing on the Shoulders of Giants

U0199626

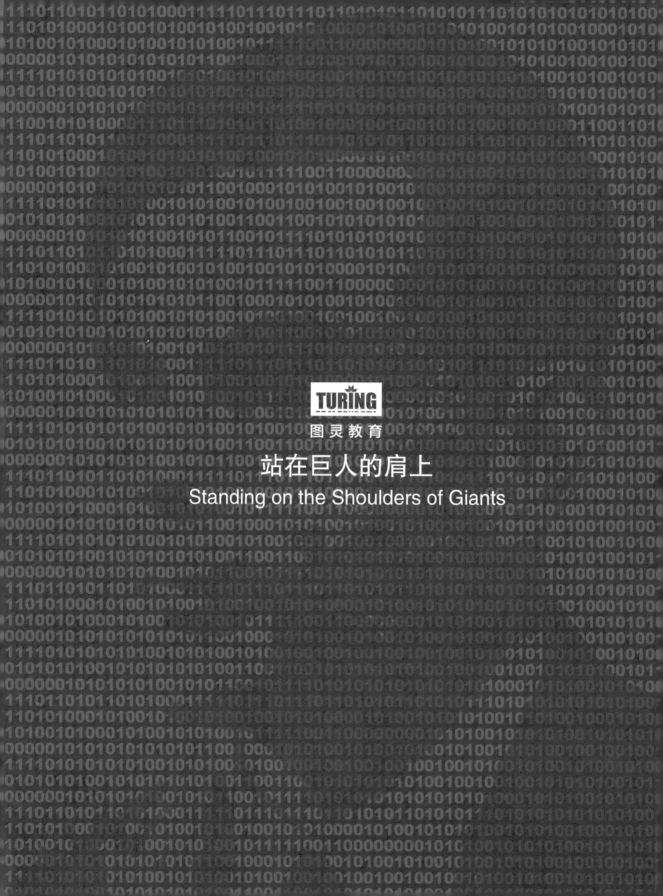

TURING

图灵教育

站在巨人的肩上

Standing on the Shoulders of Giants

TURING 图灵程序设计丛书

CSS Visual Dictionary

CSS图鉴

[美] 格雷格 · 赛德尼科夫 ——— 著　　曾家龙 ——— 译

OVERFLOW: HIDDEN

border: 1px solid;
border-radius: 50%;

TRANSFORM: ROTATE

border: 1px solid;
border-radius: 0 70% 0 0;
transform: rotate(9.2deg);

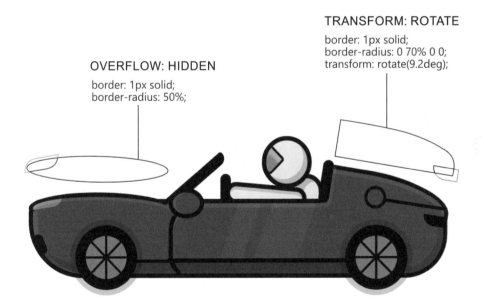

人民邮电出版社
北　京

图书在版编目（CIP）数据

CSS图鉴 / （美）格雷格·赛德尼科夫
(Greg Sidelnikov) 著；曾家龙译. -- 北京：人民邮
电出版社，2020.9
（图灵程序设计丛书）
ISBN 978-7-115-54457-5

Ⅰ．①C… Ⅱ．①格… ②曾… Ⅲ．①网页制作工具
Ⅳ．①TP393.092.2

中国版本图书馆CIP数据核字(2020)第134045号

内 容 提 要

本书通过200多幅示意图直观地展示了常用CSS属性的用法及效果，涉及面广，包括伪类选择器、
伪元素选择器、盒模型、位置、字体、阴影、元素可见性、浮动、颜色渐变、二维变换、三维变换、弹
性盒布局、网格布局等。虽然CSS是为网站与Web应用程序的布局而生的，但才华横溢的用户界面设计
师把它用到了极致。因此，为了增添趣味性，本书剖析了如何用CSS绘制艺术作品"太空中的特斯拉汽车"。
书后附有属性索引，方便读者参阅。

本书适合初级前端工程师和用户界面设计师阅读。

◆ 著　　　[美] 格雷格·赛德尼科夫
　 译　　　曾家龙
　 责任编辑　谢婷婷
　 责任印制　周昇亮

◆ 人民邮电出版社出版发行　北京市丰台区成寿寺路11号
　 邮编　100164　电子邮件　315@ptpress.com.cn
　 网址　https://www.ptpress.com.cn
　 临西县阅读时光印刷有限公司印刷

◆ 开本：800×1000　1/16
　 印张：9
　 字数：213千字　　　　　　　　2020年9月第1版
　 印数：1－2 500册　　　　　　 2020年9月河北第1次印刷
　 著作权合同登记号　图字：01-2019-7914号

定价：59.00元
读者服务热线：(010)51095183转600　印装质量热线：(010)81055316
反盗版热线：(010)81055315
广告经营许可证：京东市监广登字 20170147 号

版 权 声 明

前　言

我花了数月时间创作本书。整个创作过程充满了挑战，但我为之倾注了心血。通过精心设计，本书旨在最大程度地帮助你增进对 CSS 的了解。

我希望本书能够持续地给你提供有力的指导。

我要向下列人士致以衷心的谢意。

前端开发人员 Sasha Tran 提供了用 CSS 画出特斯拉汽车的图例和 CSS 代码。希望你喜欢她的 CSS 艺术作品。

平面设计师 Fabio Di Corleto 参与了"太空中的特斯拉汽车"图像的原始概念设计。如果你正在寻找一位有才华的平面设计师，可以与他联系。

感谢 Sasha Tran 和 Fabio Di Corleto 的贡献，也感谢两位授权我在本书中使用他们的作品。

电子版

扫描如下二维码，即可购买本书电子版。

目　　录

属性和属性值

截至 2020 年 4 月，CSS 拥有 522 个属性，可以通过以下的 JavaScript 代码进行验证。

```
var element = document.createElement('div');
var count = 0;
for (index in element.style) count++;
console.log(count); // 截至 2020 年 4 月，输出为 522
```

在未来，会有新属性加入规范，同时会有旧属性被弃用，所以属性数量既可能增多，也可能减少。

本书刻意忽略许多很少使用的 CSS 属性（以及至今仍未被主流浏览器支持的属性），这些属性只会带来不必要的混乱。

相反，本书仅关注 Web 设计师和开发人员当前常用的 CSS 属性，特别是与网格布局和弹性盒模型相关的属性。

1.1 位置

可以将 CSS 代码存为单独的外部文件，并在 HTML 中引用，如下所示。

```
<html>
  <head>
    <title> 欢迎访问我的网站 </title>
    <link rel="stylesheet" type="text/css" href="style.css"/>
  </head>
  <body>
    style.css 中的 CSS 样式将被应用于本页面。
  </body>
</html>
```

也可以直接在 HTML 中编写 CSS 代码，如下所示。

```
<script type="text/css">CSS 代码内容</script>
```

1.2 赋值

可以用以下代码为 ID 是 box 的 HTML 元素进行属性赋值。

```
#box {property: value;}
```

属性值因属性而异，既可以是像素、pt、em 或 fr 等单位指定的空间大小，也可以是红色、蓝色、黑色等颜色。颜色还可以用十六进制格式来表示，如 #00FF00，或以 rgb(r, g, b) 格式表示。

有些属性值专用于特定的属性。例如，CSS 的 transform 属性可以使用一个叫作 rotate 的属性值，该属性值表示度数，且需要在度数后附上 deg，如下所示。

```
/* 将该元素按顺时针方向旋转 45 度 */
#box {transform: rotate(45deg);}
```

1.3 注释

CSS 只支持使用"块注释"语法来创建代码内的注释，即通过 /* 注释内容 */ 的形式包裹注释。以下是一些例子。

```
/* 使用十六进制值把字体颜色设为白色 */
color: #FFFFFF;

/* 使用十六进制缩写值把字体颜色设为白色 */
color: #FFF;

/* 使用颜色名称把字体颜色设为白色 */
color: white;

/* 使用 RGB 值把字体颜色设为白色 */
color: rgb(255, 255, 255);

/* 使用 CSS 变量把字体颜色设为白色 */
color: var(--white-color);
```

还可以用注释符号包裹一整段 CSS 代码，从而暂时略去这段代码，以备不时之需。

```
/*
    content: "hello";
    border: 1px solid gray;
    color: #FFFFFF;
*/
```

CSS 不推荐 // 行内注释格式，其他的注释格式在 CSS 解释器中都是无效的，只会带来干扰。

1.4　赋值方式

我们使用 property: value; 的形式为 HTML 元素设置背景图片、颜色及其他基本属性，也可以使用简写形式——property: value value value;——指定单个属性的多个属性值，从而避免冗余。在简写时，一般用空格来分隔多个属性值。

近年来，CSS 历经很大的升级。在开始用示意图解释 CSS 属性之前，先来了解 CSS 是如何解释属性和赋值方式的。

```
/* 最常用的方式 */
property: value;

/* 用逗号分隔属性值 */
property: value, value, value;

/* 用空格分隔属性值 */
property: value value value;
```

涉及大小的属性可以用 calc 关键字进行计算。

```
/* 计算 px */
property: calc(value[px]);

/* 也可以进行百分比和 px 之间的计算 */
property: calc(value[%] - value[px]);

/* 同样可以进行百分比和百分比之间的计算 */
property: calc(value[%] - value[%]);

/* px 加 px */
property: calc(value[px] + value[px]);
```

```
/* px 减 px */
property: calc(value[px] - value[px]);

/* px 乘以 px */
property: calc(value[px] * value[px]);

/* px 除以 px */
property: calc(value[px] / value[px]);

/* px 乘以数值 */
property: calc(value[px] * number);

/* px 除以数值 */
property: calc(value[px] / number);

/* 数值除以 px 是错误的 */
property: calc(number / value[px]);
```

最后一个示例会报错。这是因为，在使用 calc 时，不能用数值除以指定的像素值。

1.5   CSS 变量

可以使用 CSS 变量避免重复相同的值。

```
/* 定义变量 --default-color */
element {--default-color: yellow;}

/* 定义变量 --variable-name */
element {--variable-name: 100px;}

/* 使用变量 --default-color 设置背景颜色 */
element {background-color: var(--default-color);}

/* 把宽度设置为 100px */
element {width: var(--variable-name);}
```

1.6   Sass/SCSS

虽然 Sass/SCSS 超出了本书的讨论范畴，但我还是要向进阶的 CSS 学习者推荐它们。需要注意的是，Sass/SCSS 在浏览器中无法做到"开箱即用"，需要用命令行安装 Sass 编译器，才能在 Web 服务器上启用它。

```
$a: #E50C5E;
$b: #E16A2E;
.mixing-colors {
  background-color: mix($a, $b, 30%);
}
```

我鼓励你进一步学习 Sass/SCSS，但前提是要对本书所述的标准 CSS 有足够的了解。

1.7 CSS 背后的理念

层叠样式表（Cascading Style Sheet，CSS）这个名称是有来由的。想象瀑布落下的激流冲击着石头，石头一层一层地被浸湿。与之类似，每个子元素的 CSS 样式都继承于已应用在其父元素上的样式。

文档对象模型（Document Object Model，DOM）的层级体现了网站结构，如图 1 所示。CSS 样式会逐层"渗透"DOM 树，这个神奇的过程由 CSS 选择器控制。

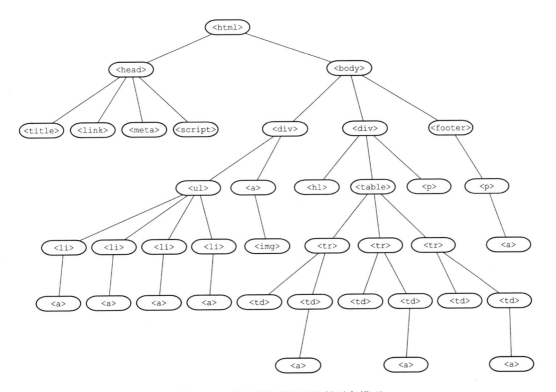

图 1 CSS 选择器协助遍历文档对象模型

让我们通过图 2 展示的这个简单的网站结构来理解 CSS 的基本概念。

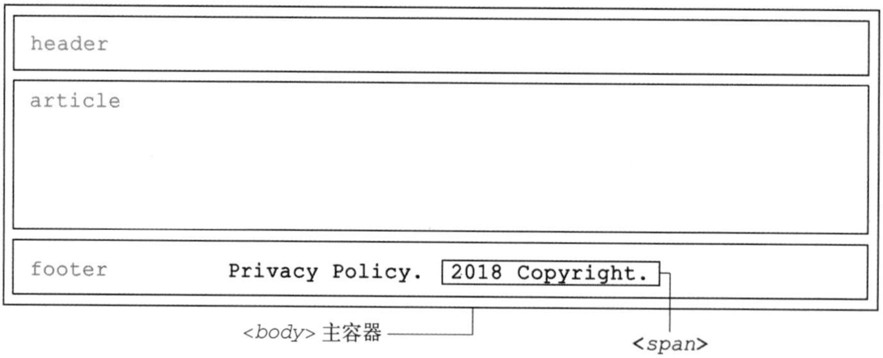

```
header

article




footer            Privacy Policy.   2018 Copyright.
```

<body> 主容器 ─────────   <span>

图 2　主容器嵌套了一些元素。CSS 就像一把镊子，帮助我们选择想要的元素来应用具体的样式

如果给 <body> 标签应用黑色背景，那么嵌套在该标签内的所有元素都将自动继承黑色背景。

```
body {background: black; color: white;}
```

该样式会在父层次结构中"层叠"，使以下所有 HTML 元素都继承"在黑色背景下显示白色文本"的样式。

```
<body>
    <header>Website header</header>
    <article>Amazing article.</article>
    <footer>
        Privacy Policy.
        <span>2018 Copyright.</span>
    </footer>
</body>
```

如果想单独显示页脚并以红色突出显示 Privacy Policy.，以绿色突出显示 2018 Copyright.，那么可以应用以下 CSS 命令进一步扩展层叠原则。

```
body {background: black; color: white;}
footer {color: red;}
footer span {color: green;}
```

注意，footer 和 span 之间有一个空格。在 CSS 中，空格是 CSS 选择器符号，意指"在前面指定的标签内选择"。在本示例中，前面指定的标签就是 footer。

1.8 CSS 选择器

```
/* 选择 ID 为 id 的单个元素 */
#id {}

/* 选择类名为 class1 的所有元素 */
.class1 {}

/* 在 ID 为 parent 的父元素下选择类名为 class1 的所有元素 */
#parent .class1 {}
```

1.9 宽松的环境

与 HTML 相似，CSS 是十分宽容的语言，因为它是专为网站不能保证被完全加载的环境设计的。如果代码编写错误，或者网页因某种原因没有被完全加载，那么 CSS 代码会降级适应，从而最大程度地显示样式。

1.10 常用项

以下是最常见的 CSS 属性和属性值组合。

```
/* 设置文本颜色 */
color: #FFFFFF;

/* 设置背景颜色 */
background-color: #000000;

/* 为元素创建边框 */
border: 1px solid blue;

/* 把字体设为 Arial */
font-family: Arial, sans-serif;

/* 设置字体大小 */
font-size: 16px;

/* 设置内边距 */
padding: 32px;

/* 设置外边距 */
margin: 16px;
```

1.11　简写属性

以下例子通过 3 个属性来为 HTML 元素的背景图片设置样式。

```
background-color: #000000;
background-image: url("image.jpg");
background-repeat: no-repeat;
```

可以通过简写属性 background 实现一样的效果（属性值用空格隔开），如下所示。

```
background: #000000 url("image.jpg") no-repeat;
```

网格布局和弹性盒布局也同样拥有简写形式。

伪类选择器

CSS 中的**伪类选择器**就是前面带有冒号（:）的选择器。举例来说，伪类选择器 :first-child 和 :last-child 可以分别从父元素中选择第一个和最后一个子元素。

另一个例子是 :nth-child，它可以用于选择元素列表或 HTML 表格中属于同一行或同一列的元素。

图 3~图 6 展示了伪类选择器的用法示例。

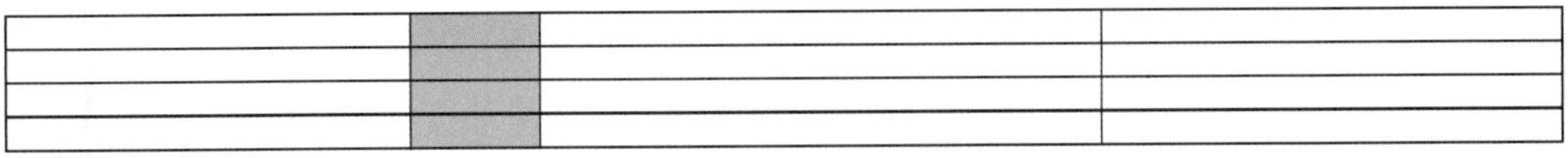

图 3　table tr td:nth-child(2)

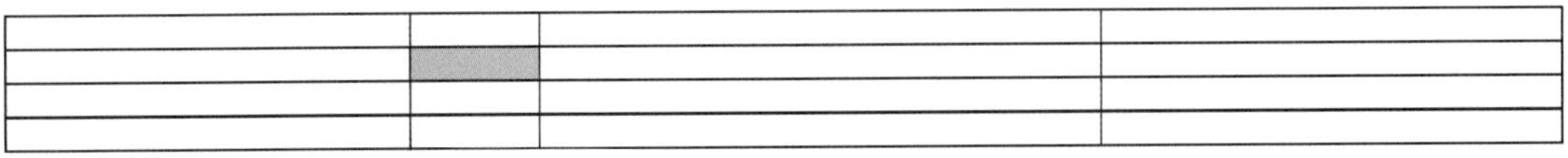

图 4　table tr:nth-child(2) td:nth-child(2)

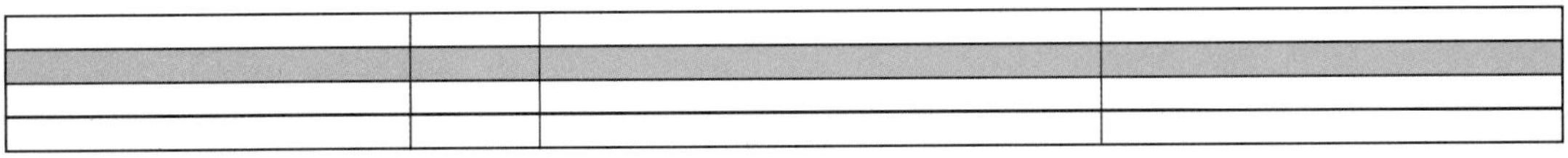

图 5　table tr:nth-child(2)

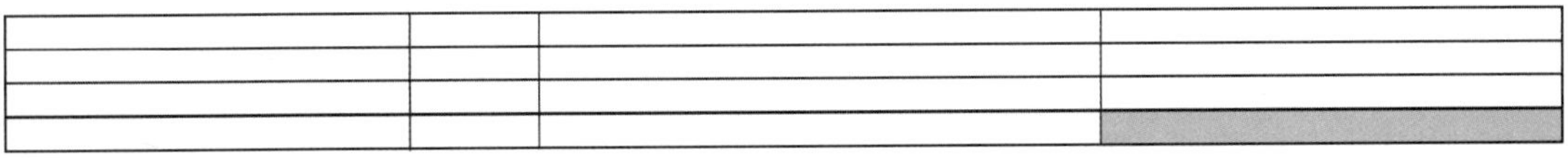

图 6　table tr:last-child td:last-child

:nth-child 的使用规则同样适用于其他具有嵌套结构的元素组（如 ul 和 li），以及父元素和子元素的任意组合。

如果想选择页面中或某些父元素中的所有元素，该怎么办呢？这也完全没有问题！星号（*）选择器会选择父元素中的所有子元素，如图 7 所示。

图 7　table *

需要注意的是，空格本身就是选择器的一部分，用以从父元素获取其中元素的层次结构。

后文还会通过示意图介绍伪元素选择器 :before 和 :after，并解释它们与 HTML 元素的关系。

盒 模 型

每个 HTML 元素背后的基本结构都是盒模型。盒模型通常由**内容区**（content area）及其周围的**内边距**（padding）、**边框**（border）、**外边距**（margin）构成。图 8 是盒模型示例。

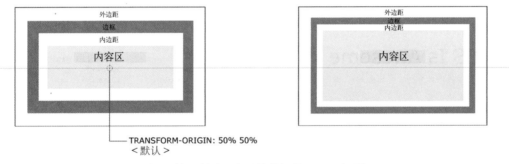

图 8　第一眼看上去只是常规的 HTML 矩形

盒模型最重要的一点是，它的 `box-sizing` 属性默认被设置为 `content-box`。在我看来，这多少有些不幸，因为这意味着添加内边距、边框或外边距会改变块区域的物理尺寸。

在图 9 中，元素的 `height` 属性并没有改变，它的物理尺寸却改变了，这就是将 `box-sizing` 分别设置为 `content-box`、`padding-box`、`border-box` 的区别。

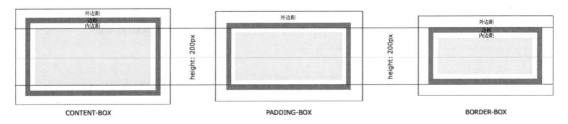

图 9　元素的 `height` 属性并没有改变，它的物理尺寸却改变了

之所以没有 margin-box，是因为外边距本身就是指围绕内容的空白区域。

在图 10 中，当使用默认的 content-box 模型时，若给边框的四边各增加 1 像素，width 和 height 就都会增加 2 像素。

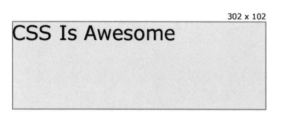

图 10　若使用默认的 content-box 模型，边框会影响元素尺寸

在图 11 中，设置边框和内边距之后，宽度变为 334 像素，高度变为 134 像素，即宽度和高度都增加了 34 像素（$1 \times 2 + 16 \times 2 = 34$）。

图 11　若使用默认的 content-box 模型，内边距会影响元素尺寸

在图 12 中，box-sizing 被设置为 padding-box。元素尺寸没有改变，但内容区有了内边距。

图 12　若使用 padding-box 模型，内边距不会影响元素尺寸

在图 13 中，把边框的原始值 `border: 1px solid gray;` 改成 `border: 16px;`，再加上 `padding: 16px;`，现在元素每条边都额外增加了 32 像素，因此高度和宽度都各增加了 64 像素。

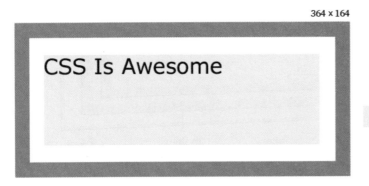

图 13　结合内边距和边框

`border-box` 把 `border` 和 `padding` 置入盒中，同时保持元素的原始尺寸不变，如图 14 所示。当需要确保元素尺寸不受边框或内边距影响时，`border-box` 就能派上用场。

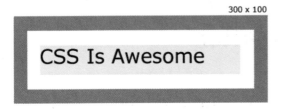

图 14　`border-box` 不会改变元素的原始尺寸

图 15 和图 16 是更多示例。

图 15　CSS 中没有 `margin-box`，因为外边距本身就是指围绕内容的空白区域

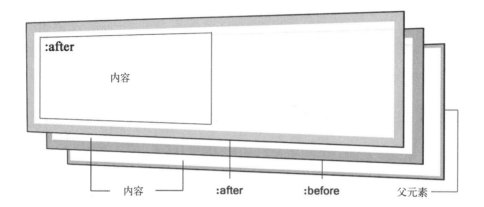

图 16　HTML 元素背后的东西远比我们看到的要多

在图 17 中，`:before` 元素和 `:after` 元素都是 HTML 元素的一部分，可以通过应用 `position: absolute;` 在不创建任何新元素的情况下编排它们。

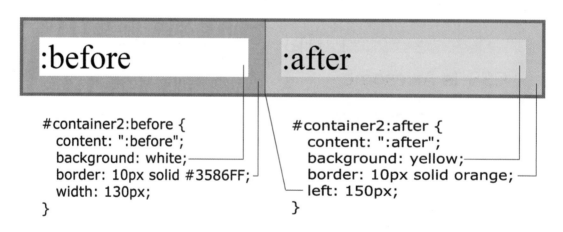

图 17　`:before` 元素和 `:after` 元素

位　　置

通常情况下，不管内容的宽度如何，块级元素都会独占一行的空间，而行内元素在没有占用完父元素的宽度之前都会排列在同一行，如图 18 所示。

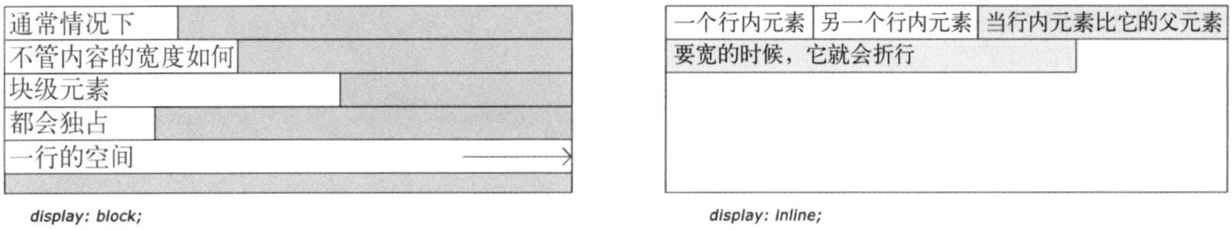

图 18　position: relative;

display: inline-block; 可以提供两全其美的解决方案。在这种情况下，如果行内元素的高度不同，就会有如图 19 所示的换行效果。

图 19　display: inline-block;

可以将 position: absolute; 与 top 和 left 或 top 和 right 结合使用，如图 20 所示。设为 position: absolute; 的元素可以用任意一角作为坐标系原点。

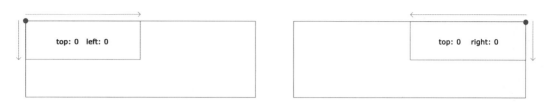

图 20　将 position: absolute; 与 top 和 left 或 top 和 right 结合使用

同理，可以将 position: absolute; 与 bottom 和 left 或 bottom 和 right 结合使用，如图 21 所示。

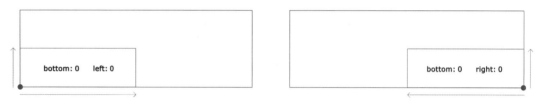

图 21　将 position: absolute; 与 bottom 和 left 或 bottom 和 right 结合使用

position: fixed; 与 position: absolute; 的效果类似，只不过滚动页面不会影响元素在视口中的位置，如图 22 和图 23 所示。

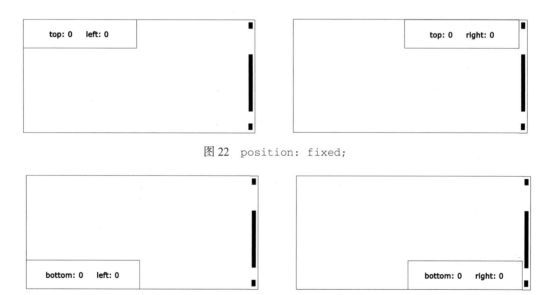

图 22　position: fixed;

图 23　原点可以是元素的任意一角，具体取决于所使用的属性值对（top 和 left、top 和 right、bottom 和 left、bottom 和 right）

字体和文本

本书不会过多地讲解字体和文本的使用方法，这是因为它们无处不在。不管是浏览网页，还是使用社交网络，你都会看到各种字体和文本。在 CSS 中，与字体和文本有关的主要属性有 font-family、font-size、color、font-weight（normal 或 bold）、font-style（例如 italic）、text-decoration（例如 underline 或 none）。

图 24 ~ 图 27 给出了一些字体示例。

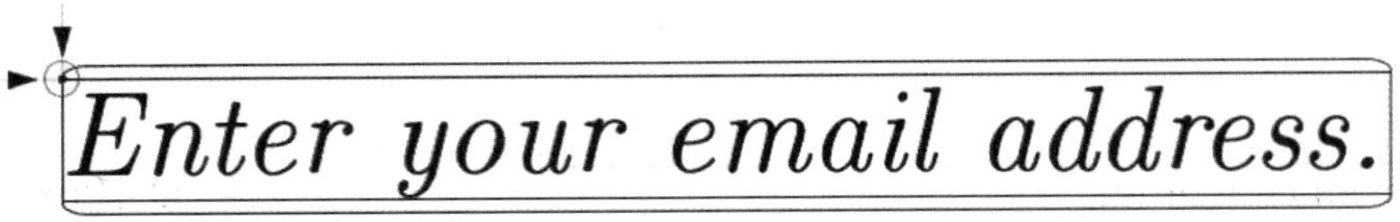

Enter your email address.

图 24　font-family：`"CMU Classical Serif"`；的效果，这是我经常使用的字体

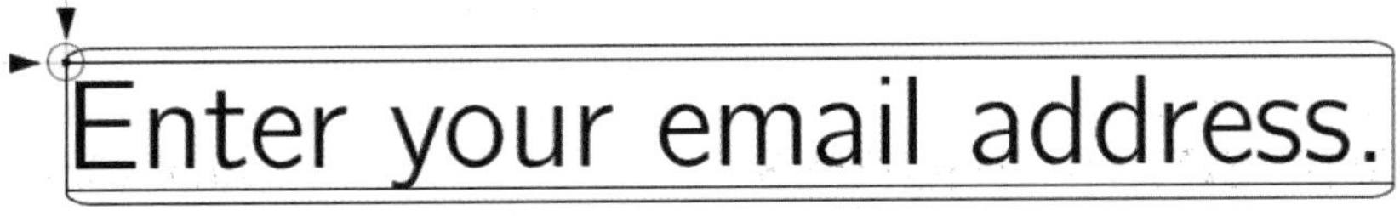

Enter your email address.

图 25　font-family：`"CMU Bright"`；的效果，这是 CMU 字族的一种变体，也很美观

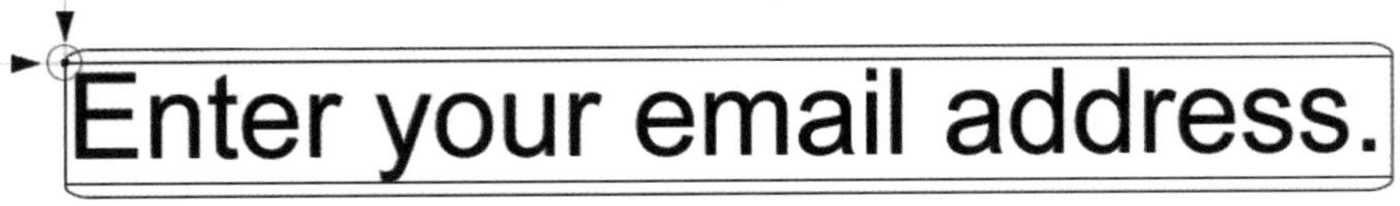

Enter your email address.

图 26　font-family：`Arial, sans-serif`；的效果，这是谷歌的最爱

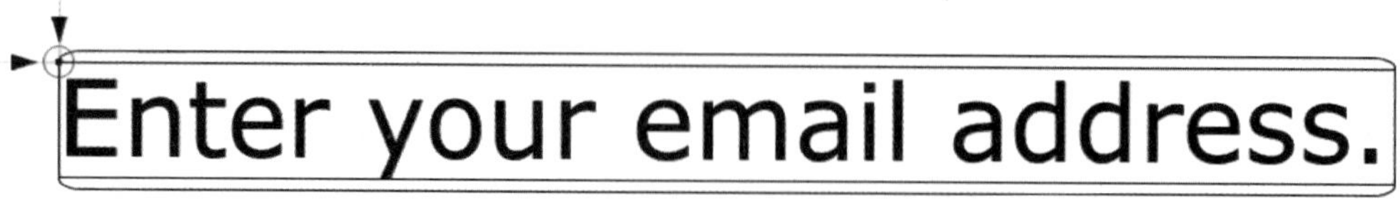

Enter your email address.

图 27 `font-family: Verdana, sans-serif;`

需要注意的是，图 26 和图 27 的例子使用无衬线体（sans-serif）作为后备字体。可以指定更多的后备字体，各字体以逗号分隔。如果列表中的第一个字体不可用或当前的浏览器无法渲染，CSS 就会跳转到下一个可用字体。如果其他字体都不可用，那么将使用 Times New Roman，如图 28 所示。

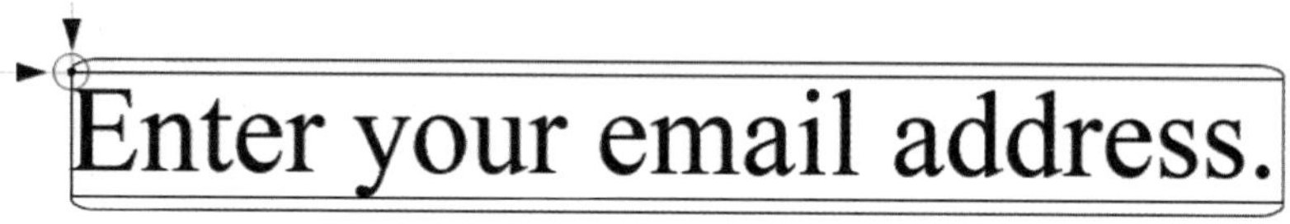

Enter your email address.

图 28 Times New Roman 是浏览器的默认字体

可以通过设置 `font-size` 属性来改变字体的大小，默认值是 `medium`，对应 `16px`，如图 29 所示。

Enter your email address.
Arial 12px
Enter your email address
Arial 16px
Enter your email address
Arial 20px

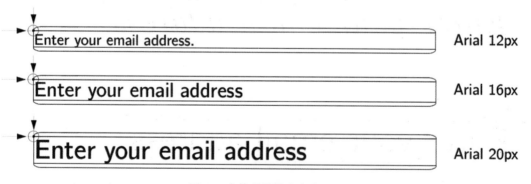

图 29 字体的默认大小为 `16px`

字体大小可以使用 `pt`、`px`、`em`、`%` 等单位指定。设置为 `100%` 和设置为 `12pt`、`16px` 或 `1em` 的效果是相同的。在知道这一点后，便可以推断出比默认值更大或更小的字体大小值。图 30 给出了一些例子。

pt	px	em	%	size	默认为无衬线体
6pt	8px	0.5em	50%		Sample text
7pt	9px	0.55em	55%		Sample text
7.5pt	10px	0.625em	62.5%	x-small	Sample text
8pt	11px	0.7em	70%		Sample text
9pt	12px	0.75em	75%		Sample text
10pt	13px	0.8em	80%	small	Sample text
10.5pt	14px	0.875em	87.5%		Sample text
11pt	15px	0.95em	95%		Sample text
12pt	16px	1em	100%	medium	Sample text
13pt	17px	1.05em	105%		Sample text
13.5pt	18px	1.125em	112.5%	large	Sample text
14pt	19px	1.2em	120%		Sample text
14.5pt	20px	1.25em	125%		Sample text
15pt	21px	1.3em	130%		Sample text
16pt	22px	1.4em	140%		Sample text
17pt	23px	1.45em	145%		Sample text
18pt	24px	1.5em	150%	x-large	Sample text
20pt	26px	1.6em	160%		Sample text
22pt	29px	1.8em	180%		Sample text
24pt	32px	2em	200%	xx-large	Sample text
26pt	35px	2.2em	220%		Sample text
27pt	36px	2.25em	225%		Sample text
28pt	37px	2.3em	230%		Sample text
29pt	38px	2.35em	235%		Sample text
30pt	40px	2.45em	245%		Sample text
32pt	42px	2.55em	255%		Sample text
34pt	45px	2.75em	275%		Sample text
36pt	48px	3em	300%		Sample text

100% = 16px = medium

图 30 字体大小可以使用 pt、px、em、% 等单位指定

font-weight 属性用于定义字体的粗细程度，如图 31 所示。

font-weight	Raleway
100	Thin
200	Extra-Light
300	Light
400	Regular
500	Medium
600	**Semi-Bold**
700	**Bold**
800	**Extra-Bold**
900	**Black**

图 31　对谷歌字体库提供的 Raleway 字体使用 font-weight 自定义字体的粗细

5.1　文本对齐

在 CSS 中，一个基本操作就是在 HTML 元素中对齐文本。图 32～图 34 展示了 text-align 属性的效果。

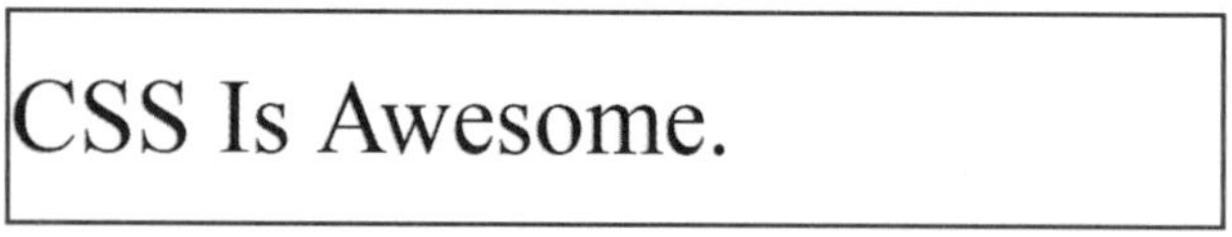

CSS Is Awesome.　　　　　　　　　　　　文本居左（默认）

图 32　text-align: left; 是默认设置

　　　　　CSS Is Awesome.　　　　　　　　　文本居中

图 33　text-align: center;

CSS Is Awesome.

文本居右

图 34 `text-align: right;`

5.2 控制最后一行的对齐方式

`text-align-last` 和 `text-align` 类似，只不过它仅作用于段落文本的最后一行。图 35 ~ 图 37 是一些例子。

CSS Is Awesome, that much we know. However, we need to write a bit more text here, in order to demonstrate how the CSS property text-align-last works, justifying only the last line of text in a paragraph.

最后一行居左（默认）

图 35 `text-align-last: left;`

CSS Is Awesome, that much we know. However, we need to write a bit more text here, in order to demonstrate how the CSS property text-align-last works, justifying only the last line of text in a paragraph.

最后一行居中

图 36 `text-align-last: center;`

CSS Is Awesome, that much we know. However, we need to write a bit more text here, in order to demonstrate how the CSS property text-align-last works, justifying only the last line of text in a paragraph.

最后一行居右

图 37 `text-align-last: right;`

当把 `writing-mode` 设置为 `vertical-lr` 时，使用 `text-combine-upright: all;` 可以实现如图 38 所示的效果。

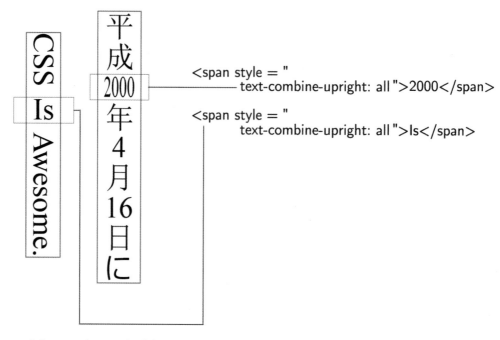

writing-mode: vertical-lr;

图 38 text-combine-upright: all;

5.3 文本溢出

当文本嵌套在父元素中时，可以通过给父元素应用 `overflow: scroll;` 来为文本添加滚动条以防止溢出，如图 39 所示。

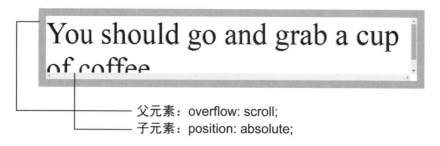

父元素：overflow: scroll;
子元素：position: absolute;

图 39 为文本添加滚动条

更多的示例效果如图 40～图 43 所示。

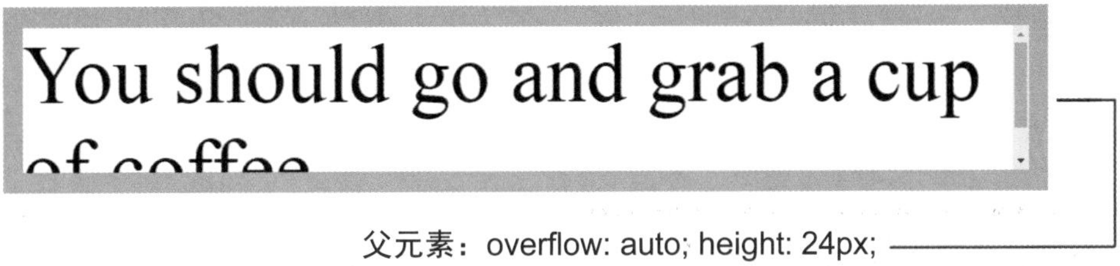
You should go and grab a cup
of coffee
父元素：overflow: auto; height: 24px;

图 40　`overflow: auto; height: 24px;`

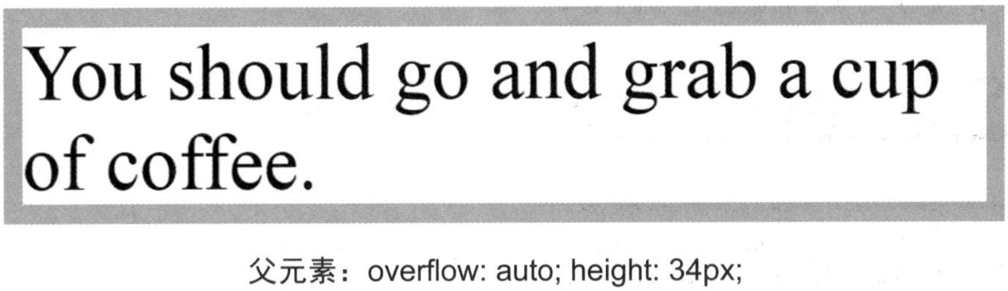
You should go and grab a cup
of coffee.
父元素：overflow: auto; height: 34px;

图 41　`overflow: auto; height: 34px;`

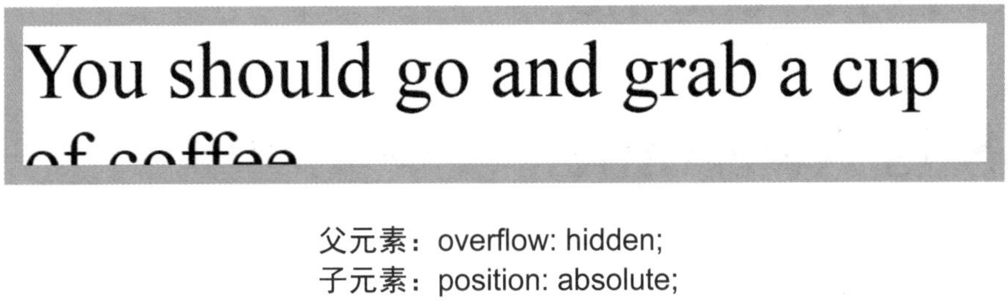
You should go and grab a cup
of coffee
父元素：overflow: hidden;
子元素：position: absolute;

图 42　同时应用 `overflow: hidden;` 和 `position: absolute;`

CSS Is
overflow: hidden;
CSS Is
overflow: hidden;

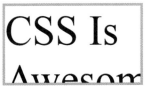

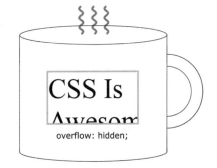

图 43　`overflow: hidden;` 的经典实例，你也许应该去喝一杯咖啡了

图 44 展示了一些以空格分隔的属性值，这是为单个属性指定多个属性值的常用方法。可以使用 `text-decoration` 属性在文本的顶部和底部添加线条。虽然这在布局设计中并不常见，但不妨了解一下，而且所有浏览器都支持这个属性。

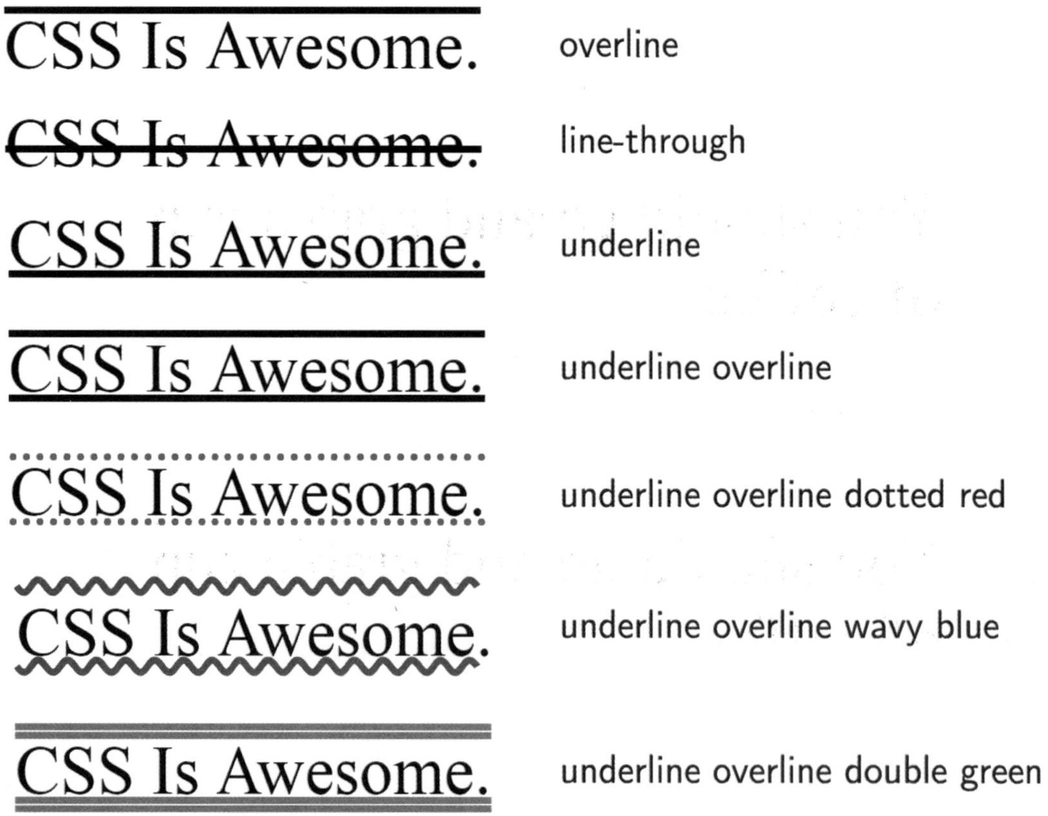

CSS Is Awesome.　　overline

CSS Is Awesome.　　line-through

CSS Is Awesome.　　underline

CSS Is Awesome.　　underline overline

CSS Is Awesome.　　underline overline dotted red

CSS Is Awesome.　　underline overline wavy blue

CSS Is Awesome.　　underline overline double green

图 44　更多字体效果

5.4　跨越下划线

`text-decoration-skip-ink` 属性可用于在下划线上叠加文本，如图 45 所示。对于页面标题或使用大字体且带下划线的文本来说，这样做有助于提升视觉完整性。

You should go and grab a cup of coffee.

text-decoration: underline solid blue ;
text-decoration-skip-ink: none ;

You should go and grab a cup of coffee.

text-decoration: underline solid blue ;
text-decoration-skip-ink: auto ;

图 45 text-decoration-skip-ink 的效果

5.5 文本渲染

文本渲染属性 text-rendering 的 4 种设置——auto、optimizeSpeed、optimize-Legibility、geometricPrecision——似乎没有明显的差异，如图 46 所示。不过，通常认为使用 optimizeSpeed 可以提高大段文本在一些浏览器中的渲染速度。

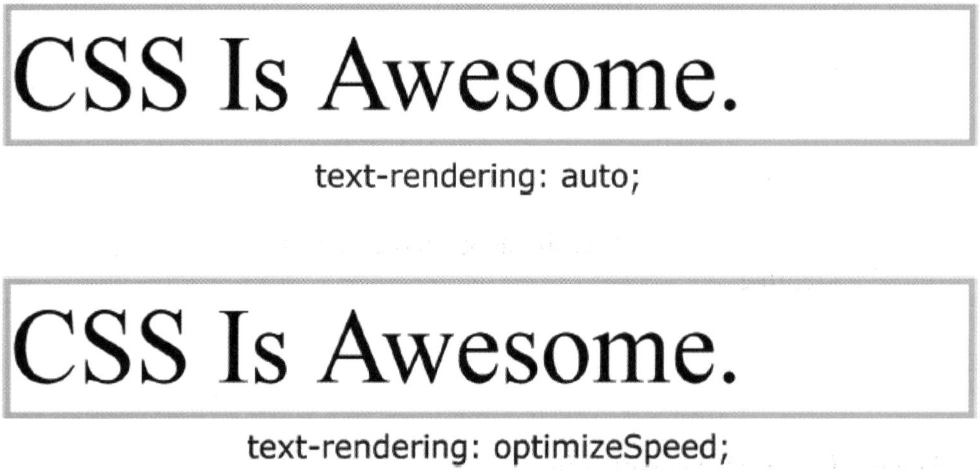

CSS Is Awesome.

text-rendering: auto;

CSS Is Awesome.

text-rendering: optimizeSpeed;

图 46 text-rendering 的 4 种表现形式

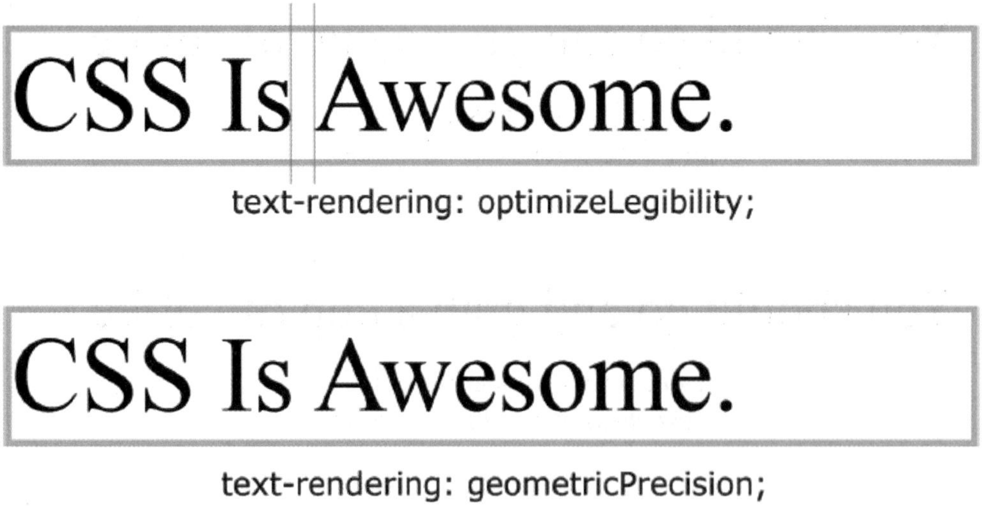

text-rendering: optimizeLegibility;

text-rendering: geometricPrecision;

图 46 （续）

当设为 `auto` 时,浏览器会自动判断何时从渲染速度、清晰度、几何精度等方面优化渲染效果, `optimizeSpeed`、`optimizeLegibility`、`geometricPrecision` 则分别从渲染速度、清晰度、几何精度进行优化。

5.6　文本缩进

文本缩进属性 `text-indent` 用于调整文本的对齐基点。在某些情况下，特别是在新闻网站或图书编辑软件中，它可能会派上用场。图 47 和图 48 是两个例子。

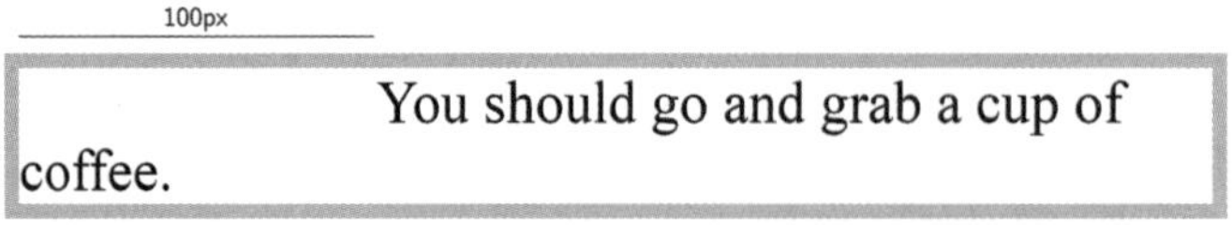

图 47　`text-indent: 100px;`

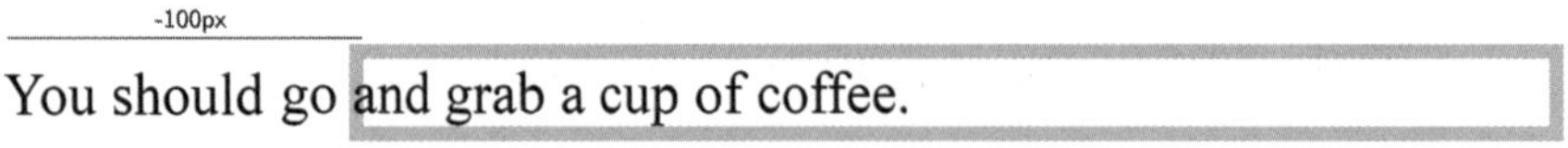

图 48　`text-indent: -100px;`

5.7 文本方向

text-orientation 属性控制文本的排列方向，常与 writing-mode 属性一起使用。有些语言的文本排列方向是从右到左，有些是从上到下。在呈现这些语言的文本时，text-orientation 属性就能派上用场。图 49 和图 50 是两个例子。

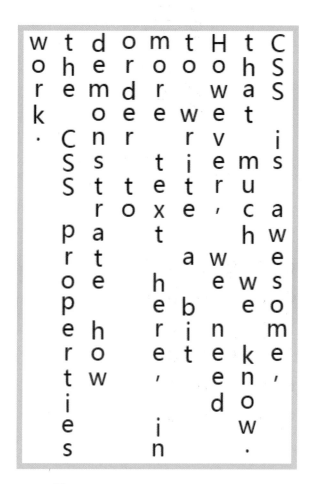

图 49 text-orientation: mixed; 图 50 text-orientation: upright;

在与 writing-mode: vertical-rl;（从右到左）或 writing-mode: vertical-lr;（从左到右）一起使用时，text-orientation 属性能够灵活地对齐文本，如图 51 和图 52 所示。

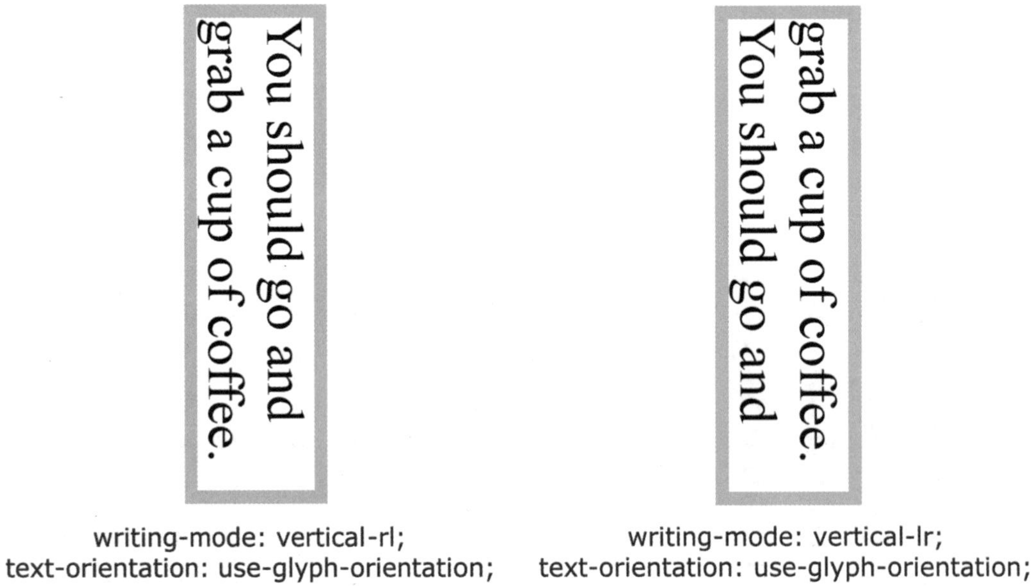

writing-mode: vertical-rl;
text-orientation: use-glyph-orientation;

writing-mode: vertical-lr;
text-orientation: use-glyph-orientation;

图 51 结合使用 `writing-mode` 属性和 `text-orientation` 属性

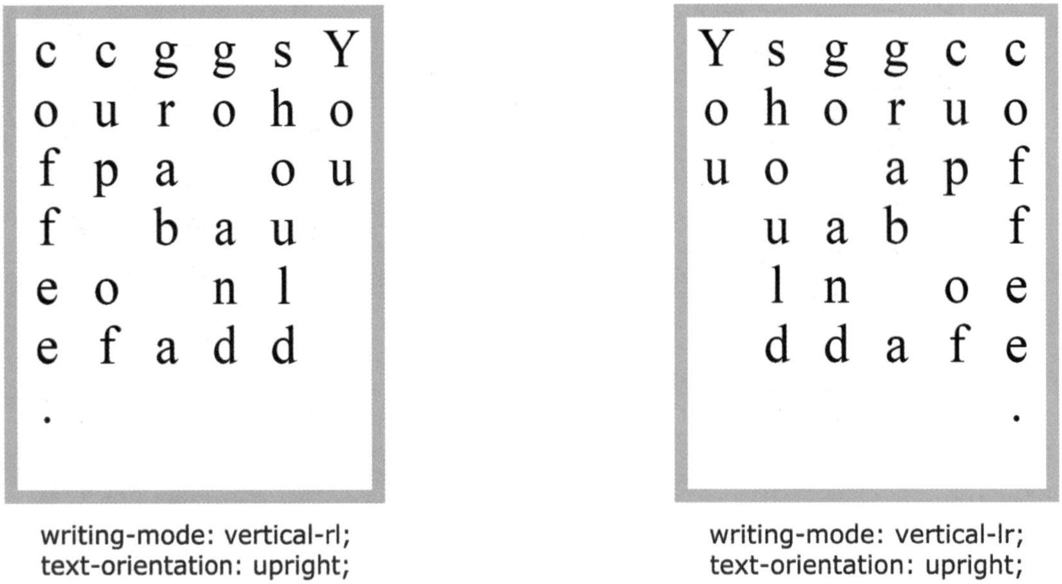

writing-mode: vertical-rl;
text-orientation: upright;

writing-mode: vertical-lr;
text-orientation: upright;

图 52 `writing-mode` 的属性值与图 51 相同，只不过将 `text-orientation` 属性设置为 `upright`

　　把行高设置为元素的高度，可以在任何元素中垂直居中文本，如图 53 所示。文本的高度（实际字母的高度）和行高并不总是相同的。

图 53　文本的高度和行高不同

图 54 ~ 图 56 给出了更多与文本显示相关的示例。

图 54　连字的设置：`font-feature-settings: "liga" 1;` 或者 `font-feature-settings: "liga" on;`

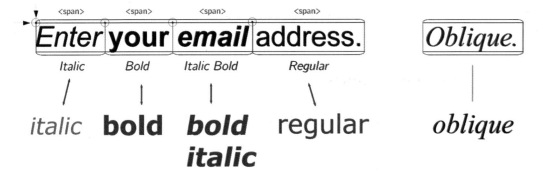

图 55　通过属性 `font-style` 和 `font-weight` 实现常见的字体效果（斜体和加粗）

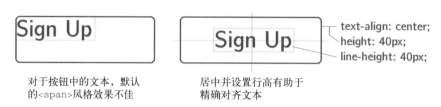

Sign Up
Sign Up
text-align: center;
height: 40px;
line-height: 40px;
对于按钮中的文本，默认
的<span>风格效果不佳
居中并设置行高有助于
精确对齐文本

图 56　可以使用属性 `text-align` 和 `line-height` 使按钮中的文本居中

5.8　文字阴影

可以使用 `text-shadow` 属性给文本添加阴影，图 57 给出了一些示例。

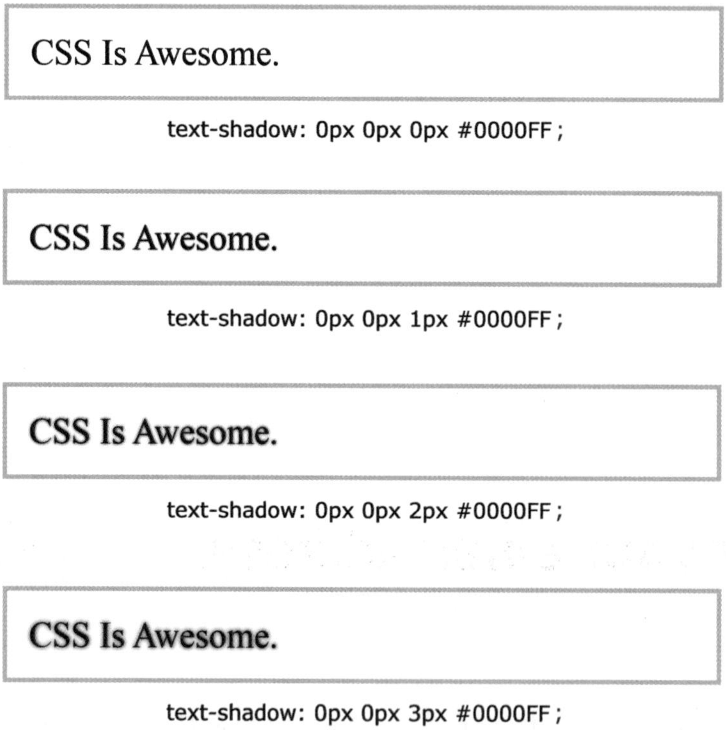

CSS Is Awesome.
text-shadow: 0px 0px 0px #0000FF;
CSS Is Awesome.
text-shadow: 0px 0px 1px #0000FF;
CSS Is Awesome.
text-shadow: 0px 0px 2px #0000FF;
CSS Is Awesome.
text-shadow: 0px 0px 3px #0000FF;

图 57　`text-shadow` 属性用法示例

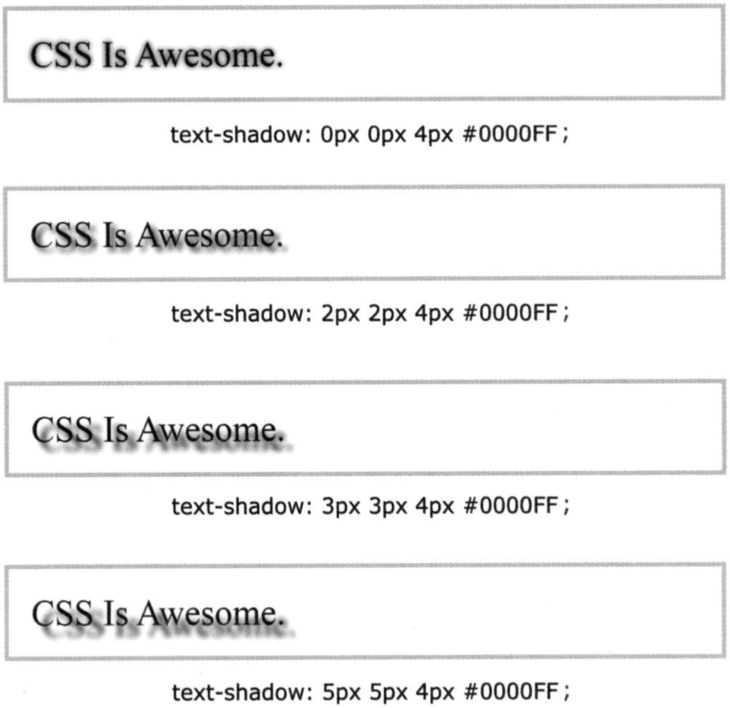

CSS Is Awesome.
text-shadow: 0px 0px 4px #0000FF;
CSS Is Awesome.
text-shadow: 2px 2px 4px #0000FF;
CSS Is Awesome.
text-shadow: 3px 3px 4px #0000FF;
CSS Is Awesome.
text-shadow: 5px 5px 4px #0000FF;

图 57 （续）

`text-shadow` 属性的参数包括 *x* 轴上的偏移量、*y* 轴上的偏移量、模糊半径、阴影颜色，如图 58 所示。

x 轴上的偏移量
y 轴上的偏移量
A
text-shadow: 5px 5px 3px #0000FF;
模糊半径
阴影颜色

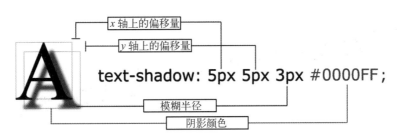

图 58 `text-shadow` 属性的参数

5.9 其他效果

CSS 也可以操控 SVG。不过，本书不会深入讨论 SVG，因为有关它的内容可以单独写一本书。图 59 简单地展示了如何创建旋转的 SVG 文本。

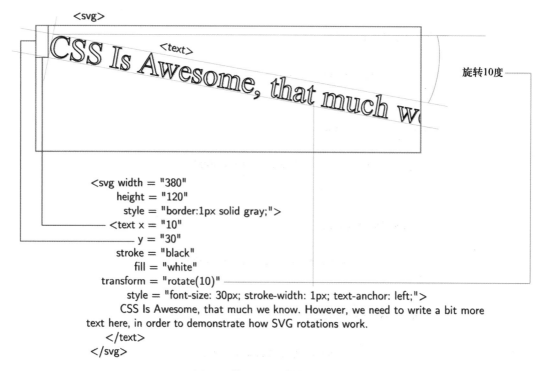

```
<svg width = "380"
    height = "120"
    style = "border:1px solid gray;">
<text x = "10"
    y = "30"
    stroke = "black"
    fill = "white"
    transform = "rotate(10)"
    style = "font-size: 30px; stroke-width: 1px; text-anchor: left;">
    CSS Is Awesome, that much we know. However, we need to write a bit more
text here, in order to demonstrate how SVG rotations work.
    </text>
</svg>
```

图 59　使用 CSS 旋转 SVG 文本

通过 text-anchor 属性，可以设置文本的中心点，使文本绕着该点旋转，如图 60 所示。

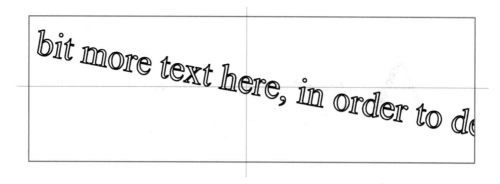

图 60　`text-anchor: middle;`

若将 text-anchor 设置为 end，旋转中心点将是文本块的最末端，如图 61 所示。

图 61 text-anchor: end;

圆角边框、外边距、阴影、溢出

本章内容较杂，主要涉及圆角边框、外边距、z-index、阴影效果，还会介绍如何利用溢出效果创作不规则的图案。

border-radius 属性的作用是为正方形或矩形的 HTML 元素添加圆角边框，如图 62 所示。

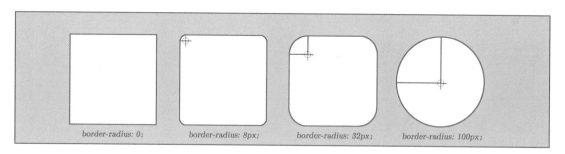

图 62　border-radius 示例

使用 :hover 伪类选择器，可以设置当鼠标悬停在元素上或进入元素的区域时的效果，如图 63 所示。

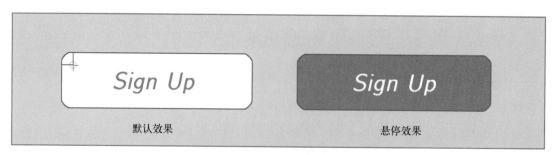

图 63　使用 :hover 伪类选择器设置悬停效果

当子元素使用 `position: absolute;` 排列时，必须显式地将父容器设置为 `position: relative;` 或 `position: absolute;`，如图 64 所示。

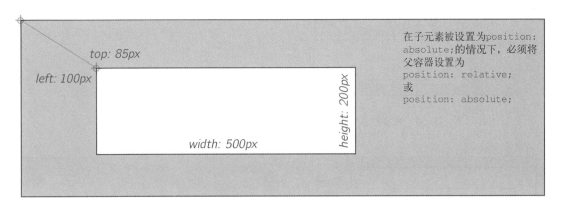

图 64　子元素被设置为 `position: absolute;`

只需把元素的 `display` 属性设置为 `block`，即可使用 `margin: auto;` 来水平排列它。`margin-top` 属性可以让元素偏离上边界一定的距离，如图 65 所示。同样，也可以使用 `margin-left`、`margin-right`、`margin-bottom` 达到类似的效果。

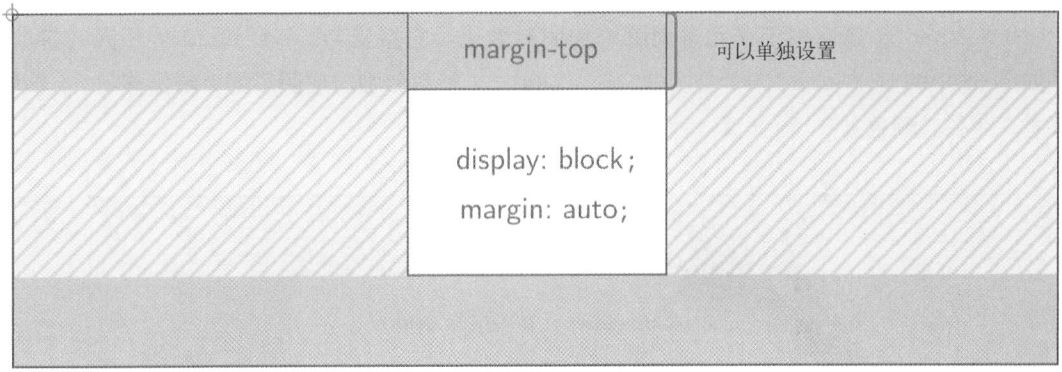

图 65　`margin-top` 属性可以让元素偏离上边界一定的距离

在主流浏览器中，`z-index` 属性使用 0 ~ 2 147 483 647 的数值来确定元素绘制顺序。在 Safari 3 中，最大的 `z-index` 值是 16 777 271。图 66 和图 67 给出了两个示例。

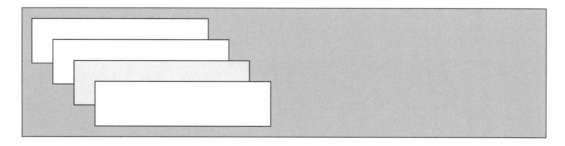

图 66　元素默认的 `z-order` 对应 HTML 文档流中的排列顺序

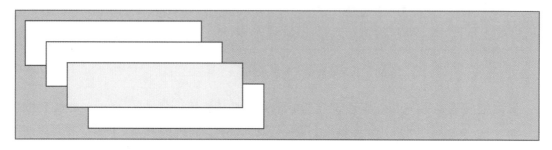

图 67　改变元素的 `z-order`，可以改变展现顺序，使某个元素脱颖而出

`box-shadow` 属性用于在元素周围添加阴影效果。它接受与 `text-shadow` 相同的参数，例如图 68 中的 `box-shadow: 0 0 10px #000;`（参数分别对应阴影的 x 轴偏移量、y 轴偏移量、半径、颜色）。

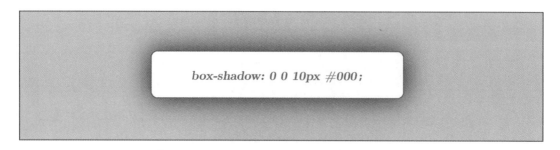

图 68　`box-shadow` 示例

`box-radius` 属性可以在 x 轴和 y 轴上控制边角曲线的半径，如图 69 所示。

图 69 box-radius 示例

可以在 box-shadow 属性中使用明亮的颜色营造出围绕 HTML 元素的发光效果，如图 70 所示。

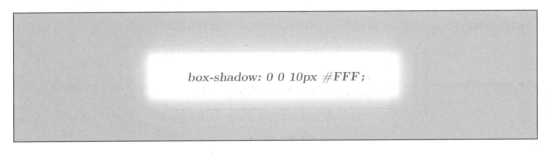

图 70 在 box-shadow 属性中使用明亮的颜色营造出发光效果

图 71 展示了一个块级元素。

图 71 块级元素示例

当元素的宽度小于其中文本的宽度时，文本会被自动挤压到下一行。即使下一行在元素边界以外，也会如此，如图 72 所示。

图 72　Awesome 被挤压到下一行

让我们进一步分析图 72 中的情形。文本的实际高度是 27px，比原先设置的 25px 多出 2 像素。line-height 的属性值可以延伸到内容区外，如图 73 所示。

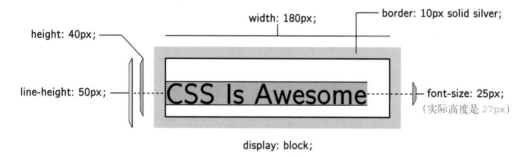

图 73　块级元素示例的具体参数

如图 74 所示，Awesome 这个单词跳到了下一行。除此之外还需注意，即便某个单词的宽度较长，它也不会折行。换句话说，overflow 的属性值默认为 visible。

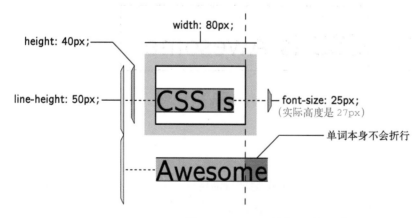

图 74　Awesome 被挤压到下一行

通过将溢出属性 overflow 的值设置为 hidden，可以抹去溢出容器之外的内容，这甚至对圆形元素也是有效的，如图 75 所示。

图 75　针对圆形元素应用 overflow: hidden;

如果在一个圆圈内隐藏其他的圆形元素，便可以创造出一些有趣的图案，如图 76 所示。

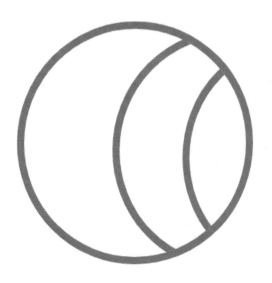

图 76　利用溢出效果创造有趣的图案

针对多个元素应用 overflow: hidden;，可以创造出不规则形状，如图 77 和图 78 所示。

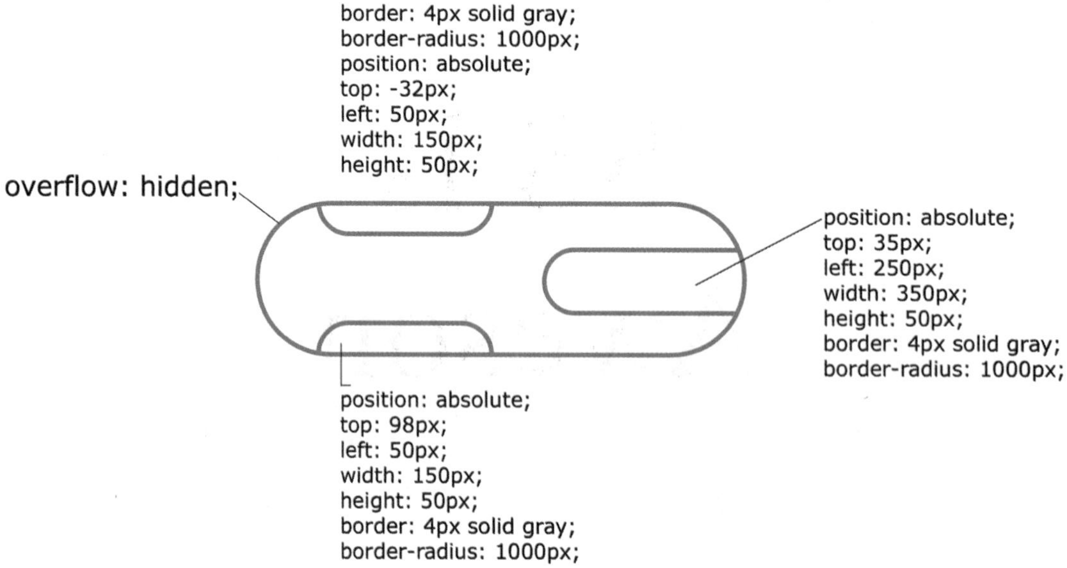

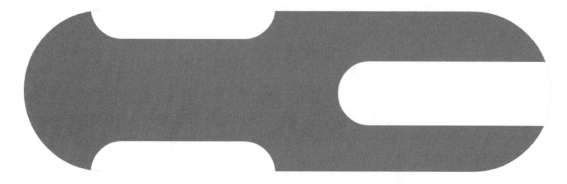

border: 4px solid gray;
border-radius: 1000px;
position: absolute;
top: -32px;
left: 50px;
width: 150px;
height: 50px;

overflow: hidden;

position: absolute;
top: 35px;
left: 250px;
width: 350px;
height: 50px;
border: 4px solid gray;
border-radius: 1000px;

position: absolute;
top: 98px;
left: 50px;
width: 150px;
height: 50px;
border: 4px solid gray;
border-radius: 1000px;

图 77　利用溢出效果创造不规则形状

图 78　除了把父容器的 background 设置为 gray，并把其中元素的 background 设置为 white 之外，本例与上例基本相同

利用本章所介绍的知识，你可以充分发挥自己的想象力，创造出有趣的图案。本书最后将给出使用 CSS 绘制汽车图案的完整示例。

7

显　　示

可以通过 CSS 属性设置 HTML 元素在屏幕上的位置。本章将通过示意图和常见用例展示 CSS 属性对 HTML 元素的影响。

display 属性可以取以下的值来定义元素的位置：inline、block、inline-block。此外，还可以使用 float 属性。

图 79 展示了 display: inline; 的效果，这是 <span>、<b>、<i> 等 HTML 标签的默认值。这些 HTML 标签用于在宽度未知的父容器中显示文本。

行内元素

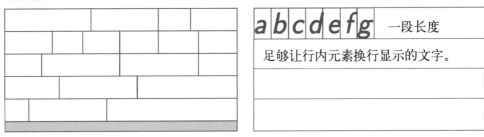

图 79　display: inline;

在图 79 中，每个元素被直接放置在前一个元素的右侧，这是文本排版的不二选项。

请注意，过长的行内元素会自动转移到下一行。

后文在讲到弹性盒布局和网格布局时，会展示把 display 属性的值设置为 flex 或 grid 将对容器元素内的子元素产生什么影响。在这种情况下，容器元素被称为**父元素**。

不同于行内元素，设置为 `display: block;` 的元素无论内容的宽度如何，都会自动占用整行空间，如图 80 所示。HTML 标签 `<div>` 默认是块级元素。

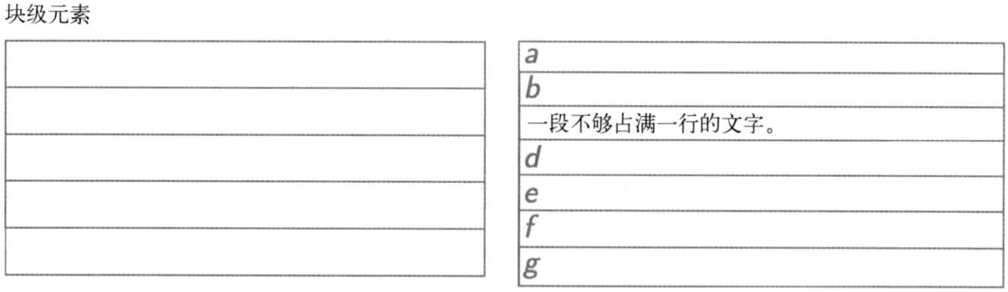

块级元素

图 80 `display: block;`

设置 `display: block;` 并显式定义元素宽度，可以展现元素的容器宽度与内容宽度的区别，如图 81 所示。

`div {width: n;}` 中的 n 为容器宽度，以像素值或百分比形式表示

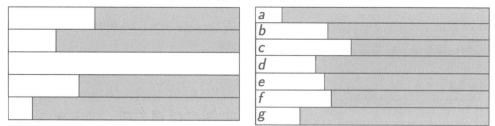

图 81 显式定义元素宽度

`display: inline-block;` 结合了 `inline` 和 `block` 的效果，能为行内元素自定义大小，其效果如图 82 所示。

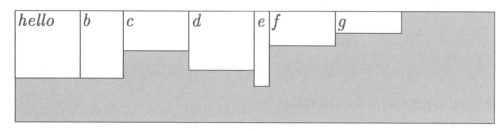

图 82 `display: inline-block;`

图 83 展示的效果是，在两个宽度为 50% 容器宽度的块级元素中将文本居中（`text-align:` `center;`）。需注意，当占据其父元素的一整行时，内容区域仅占父元素宽度的 50%。块级元素的宽度不由其内容的宽度决定。

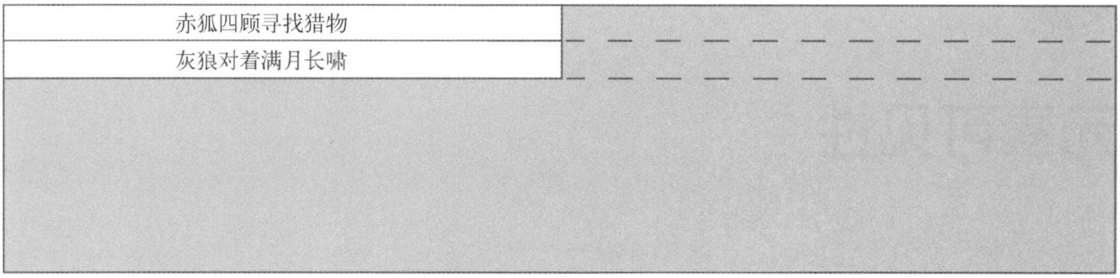

赤狐四顾寻找猎物
灰狼对着满月长啸

图 83　`text-align: center;`

为两个块级元素显式设置宽度为 50% 并应用 `text-align: center;`，之后便可以应用 `float: left;` 或 `float: right;` 来模仿行内元素，如图 84 所示。然而与行内元素不同的是，单独的块级元素永远不会跨越到下一行。

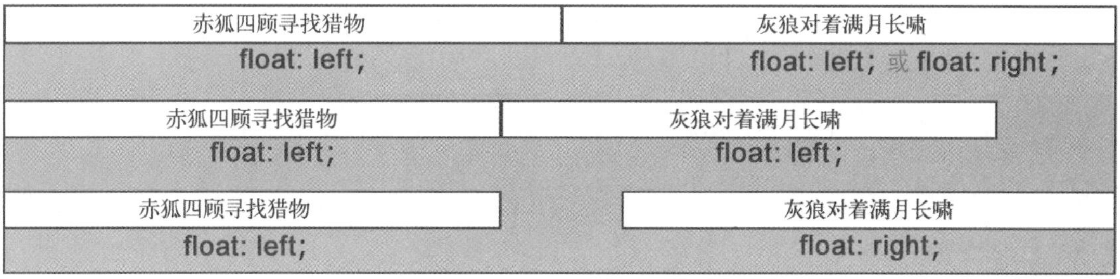

赤狐四顾寻找猎物	灰狼对着满月长啸
float: left;	float: left; 或 float: right;
赤狐四顾寻找猎物	灰狼对着满月长啸
float: left;	float: left;
赤狐四顾寻找猎物	灰狼对着满月长啸
float: left;	float: right;

图 84　利用 `float` 属性

因为行内元素始终受限于其内容的宽度，所以其中的文本无法居中，如图 85 所示。

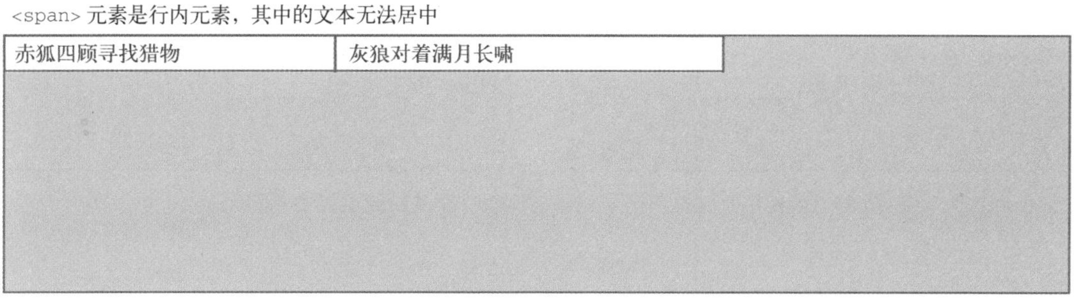

`<span>` 元素是行内元素，其中的文本无法居中

赤狐四顾寻找猎物	灰狼对着满月长啸

图 85　行内元素始终受限于其内容的宽度

元素可见性

通过设置 visibility 属性，可以在不将元素从绘制层级中删除的前提下隐藏该元素。图 86 和图 87 给出了示例。

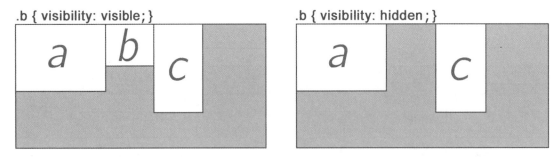

图 86　把元素 b 的 visibility 属性设置为 hidden 后，该元素隐藏。visibility 属性的默认值为 visible

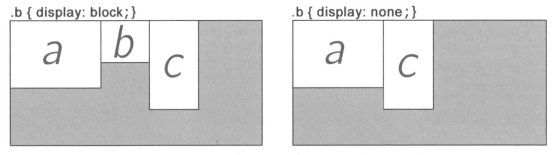

图 87　若使用 display：none；，则会完全从绘制层级中删除元素

浮动元素

float 属性用于定义元素的浮动方向，图 88~图 90 给出了一些示例。

float: left;	float: left;	float: right;

图 88　只要宽度之和小于父元素的宽度，设置为 float: left; 和 float: right; 的块级元素就会出现在同一行

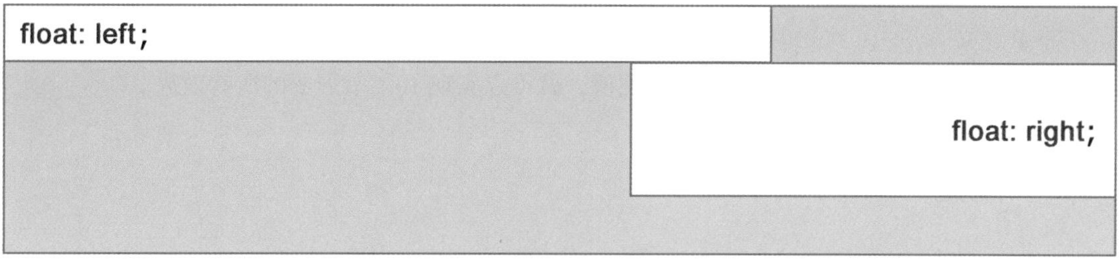

float: left;

float: right;

图 89　如果两个浮动元素的宽度之和大于父元素的宽度，那么其中一个元素将跳到下一行

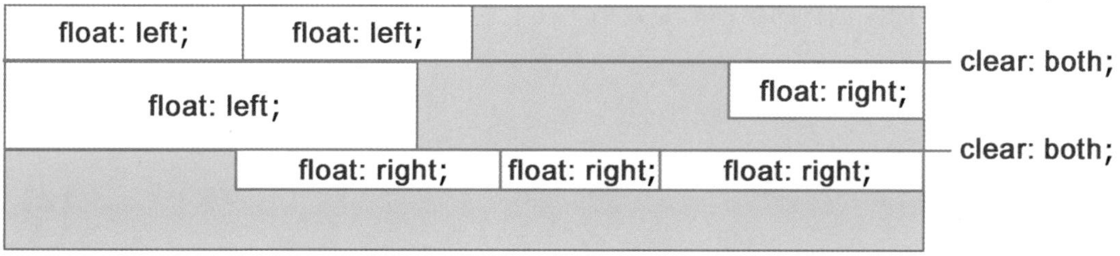

float: left;	float: left;	

—— clear: both;

float: left;　　　　　　float: right;

—— clear: both;

float: right;　float: right;　float: right;

图 90　使用 clear: both; 清除浮动并创建新的浮动行

颜色渐变

渐变有许多用途，其中最常见的用途是为 UI 元素提供平滑的颜色过渡效果。

以下是渐变的一些用途。

平滑过渡的背景颜色能让 HTML 元素更具吸引力。

节省带宽是渐变的另一个好处，这是因为渐变是通过浏览器的着色算法自动生成的。这意味着可以用渐变效果代替图像，而无须在下载图片上消耗时间。

简单定义 background 属性就能得到有趣且出人意料的效果。为 linear-gradient 和 radial-gradient 提供所需的最少的属性值，就可以实现 10.1 节展示的所有效果。

10.1　概览

掌握渐变的关键在于用好关于渐变方向和渐变类型的 4 个属性：linear-gradient、radial-gradient、repeating-linear-gradient、repeating-radial-gradient。图 91 有助于更好地理解 CSS 创建的各种渐变效果。在本章中，我们将学习如何实现图中的渐变效果。

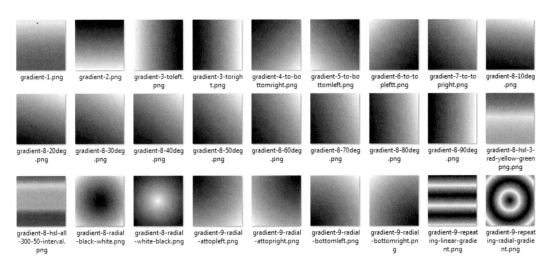

图 91 渐变效果示例

用于演示渐变的样本元素

我们将用一个简单的 `<div>` 元素来演示背景渐变。先设置一些基本属性，比如将宽度和高度均设置为 500px。

目前只需要一个简单的方块元素。将以下代码粘贴到 HTML 的 `<head>` 标签中。

```
<style type="text/css">
div {
  position: relative;
  display: block;
  width: 500px;
  height: 500px;
}
</style>
```

这段 CSS 代码会让网页中的每个 `<div>` 元素都变成宽 500 像素、高 500 像素的正方形。关于 position 属性和 display 属性的用法，请分别参阅第 4 章和第 7 章。

如果只想给其中一个 HTML 元素设置渐变效果，那么可以使用唯一的 ID（例如 #my-gradient-box）设置单个 `<div>` 元素的 CSS 样式，如下所示：

```
<style type="text/css">
div#my-gradient-box {
  position: relative;
  display: block;
  width: 500px;
  height: 500px;
}
</style>
```

然后把这些代码加在 `<body>` 标签里：

```
<!-- 试用有颜色的渐变背景 -->
<div id="my-gradient-box"></div>
```

或者直接在 HTML 元素的 `<style>` 标签中输入 CSS 代码：

```
<div style="position: relative; display: block; width: 500px; height: 500px;"></div>
```

在图 92 中，左边的是宽度和高度均为 500 像素的 `<div>` 元素。右边的竖条和横条说明，渐变会自适应元素大小。渐变的属性值没有改变，但仅仅改变元素尺寸后，渐变看起来就已经很不一样了。

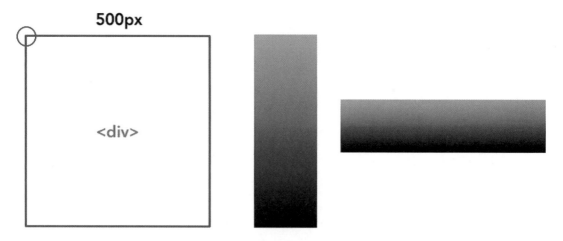

图 92　渐变会自适应元素大小

在实际使用渐变时请谨记，CSS 渐变会自适应元素大小，而这会产生不同的渐变效果。图 93 展示了渐变的核心思想。

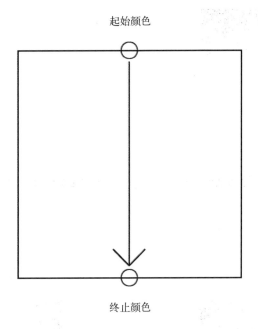

图 93　渐变的核心思想是在至少两种颜色之间插值

在没有提供额外属性值时，垂直方向是渐变的默认方向。起始颜色从元素的顶部开始，逐渐变化，最终渐变成底部的终止颜色。也可以使用两种以上的颜色创建渐变效果，稍后会给出例子。

所有的 CSS 渐变属性值都属于 background 属性。以下是创建线性渐变效果的简单示例：

```
background: linear-gradient(black, white);
```

稍后会通过示例说明这些属性值的具体作用。

10.2　渐变类型

让我们一步一步地学习不同的渐变类型，并看看将这些样式应用于 HTML 元素会产生何种效果。图 94 展示了简单的线性渐变效果。

linear-gradient(black, white)   *linear-gradient(yellow, red)*

图 94 左：由黑色渐变到白色；右：由黄色渐变到红色

如图 95 所示，使用属性值 to left 和 to right 可以创建水平渐变效果，具体使用哪个属性值取决于需要的水平渐变方向。

linear-gradient(to left, black, white)   *linear-gradient(to right, black, white)*

图 95 使用 to left 和 to right 创建水平渐变效果

使用属性值 to top left、to top right、to bottom left、to bottom right，可以设置从某一角开始，沿对角线方向的颜色渐变，如图 96 所示。

linear-gradient
(to top left, black, white)

linear-gradient
(to top right, black, white)

linear-gradient
(to bottom left, black, white)

linear-gradient
(to bottom right, black, white)

图 96　从某一角开始，沿对角线方向的颜色渐变

当 45 度角不能满足需求时，可以像 linear-gradient(30deg, black, white); 这样，把 linear-gradient 设置为 0 ~ 360 的任意角度。在图 97 中可以看到，当角度值从 10 度逐渐变到 90 度时，渐变方向从朝向底部逐渐变为朝向左边。

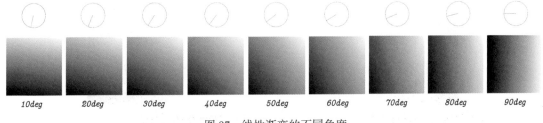

图 97　线性渐变的不同角度

radial-gradient 属性用于创建径向渐变，如图 98 所示。交换颜色参数会产生相反的渐变效果。

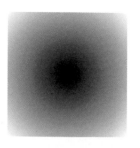

radial-gradient
(black, white)

radial-gradient
(white, black)

图 98　径向渐变效果示例

与线性渐变相同，径向渐变的方向也可以设置为从 HTML 元素的任意一角开始，如图 99 所示。

radial-gradient
(at top left, black, white)

radial-gradient
(at top right, black, white)

radial-gradient
(at bottom left, black, white)

radial-gradient
(at bottom right, black, white)

图 99　径向渐变的方向也可以设置为从任意一角开始

`repeating-linear-gradient` 和 `repeating-radial-gradient` 分别用于创建重复的线性渐变和径向渐变。可以根据需要设置多个要重复的颜色值，不要忘记用逗号分隔，如图 100 所示。

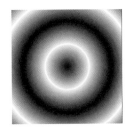

repeating-linear-gradient
(white 100px,
black 200px,
white 300px)

repeating-radial-gradient
(white 100px,
black 200px,
white 300px)

图 100　重复的线性渐变和径向渐变

可以用 HSL 值的组合创建最高级的渐变。HSL 值并没有名称或 RGB 等效项，它们的取值范围是 0 ~ 300，如图 101 和图 102 所示。

linear-gradient
(hsl(0,100%,50%),
hsl(50,100%,50%),
hsl(100,100%,50%),
hsl(150,100%,50%),
hsl(200,100%,50%),
hsl(250,100%,50%),
hsl(300,100%,50%))

linear-gradient
(hsl(0,100%,50%),
hsl(50,100%,50%),
hsl(300,100%,50%))

图 101　用 HSL 值的组合创建高级渐变

图 102 通过在 0 和 300 之间取 HSL 值，可以选择任何一种颜色

至此，我们已经了解了与渐变有关的多个属性值。可以尝试把这些属性值应用到 UI 元素上，看看效果如何。以下是示例代码。

```
background: linear-gradient(yellow, red);
background: linear-gradient(black, white);
background: linear-gradient(to right, black, white);
background: linear-gradient(to left, black, white);
background: linear-gradient(to bottom right, black, white);
background: linear-gradient(90deg, black, white);
background: linear-gradient(
  hsl(0, 100%, 50%),
  hsl(50, 100%, 50%),
  hsl(100, 100%, 50%),
  hsl(150, 100%, 50%),
  hsl(200, 100%, 50%),
  hsl(250, 100%, 50%),
  hsl(300, 100%, 50%));
background: radial-gradient(black, white);
background: radial-gradient(at bottom right, black, white);
background: repeating-linear-gradient(white 100px, black 200px, white 300px);
background: repeating-radial-gradient(white 100px, black 200px, white 300px);
```

11

背景图片

你真的了解如何设置背景图片吗？未必如此。本章旨在帮助你全面地了解 HTML 背景图片。我们将学习几个能够为 HTML 元素设置背景图片的 CSS 属性。

本章将以一张可爱小猫的照片作为示例，如图 103 所示。

图 103　背景图片示例

如果元素的尺寸大于图片的尺寸，那么图片会在该元素内重复，填充元素的剩余部分，就像在元素中重复铺一张墙纸一样，如图 104 所示。

图 104　如果背景图片比元素小，那么这张图片将重复显示，填充剩余的空间

要为元素设置背景图片，可以采用以下两种方式之一：

```
background: url("kitten.jpg");
background-image: url("kitten.jpg");
```

此外，可以把 CSS 代码放置在 `<style>` 标签内，当作内部样式表使用。

如果不想让背景图片在元素中重复，请把 background-repeat 属性设置成 no-repeat，效果如图 105 所示。

图 105　background-repeat: no-repeat;

利用 background-size 可以设置背景图片的尺寸。图 106 展示了不同的效果，其中，unset、none、initial、auto 都是默认效果。当属性值为 100% 时，会把图片宽度设为与元素等宽，但纵向仍会重复填充背景图片。当属性值为 100% 100% 时，会在元素中平铺背景图片。当属性值为 cover 时，背景图片会纵向填满元素，而横向溢出的部分将被裁去。属性值 contain 的效果与 100% 的效果一致。

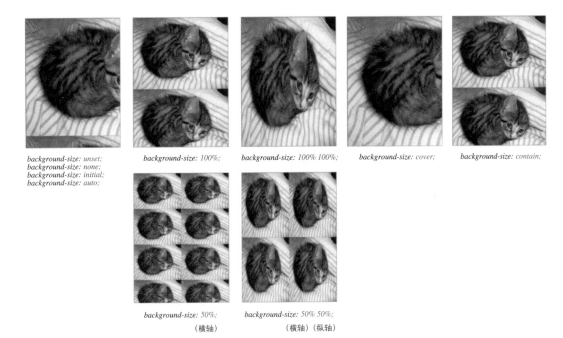

图 106　利用 `background-size` 设置背景图片的尺寸，以实现不同的效果

同时使用 `background-repeat: no-repeat;` 和 `background-size: 100%;` 能让背景图片横向占满元素而不重复，如图 107 所示。

图 107　使背景图片横向占满元素而不重复

如果想让背景图片纵向重复显示，同时又想让它横向占满元素，只需删除 `no-repeat` 这一

项即可。图 108 展示了这样的效果。

图 108　背景图片纵向重复显示

上述方法用于为很长的页面设置重复的背景图片。你既可以让背景图片不重复，也可以让它不断重复，这取决于你想怎样设计网页布局。

有时，需要让背景图片刚好铺满整个元素，但这通常会让背景图片发生变形。浏览器会自动根据元素的长宽比例拉伸背景图片，如图 109 所示。

图 109　当 HTML 元素的大小与背景图片的大小不匹配时，就会发生这种变形

使用 `background-size: 100% 100%;` 会让背景图片铺满元素。注意，属性值中的 `100%` 出现了两次，第一个 `100%` 会让图片横向占满元素，第二个则让图片纵向占满元素。你也可以使用 0 和 `100%` 之间的其他值，不过在大多数时候没有必要这样做。

11.1 设置多个属性值

在 CSS 中，如果要同时设置多个属性值，则属性值之间要用空格分隔。不过，有时也会用到逗号，例如在设置多重背景图片时，不同图片的 URL 就是用逗号分隔的。

11.2 **background-position**

`background-position` 属性用于设置背景图片的起始位置，如图 110 所示。

图 110 `background-position: center center;` 的效果

在图 110 的基础上，把 `background-repeat` 属性设置为 `no-repeat`，可以让背景图片强制居中，而且不再重复显示，如图 111 所示。

图 111 让背景图片强制居中，而且不再重复显示

居中背景图片：

```
background-position: center center;
```

让背景图片不再重复显示：

```
background-repeat: no-repeat;
```

通过将 background-repeat 设置为 repeat-x，可以让背景图片仅沿 x 轴（横向）重复，如图 112 所示。

图 112　background-repeat: repeat-x; 的效果

同理，使用属性值 repeat-y 可以让背景图片仅沿 y 轴（纵向）重复，如图 113 所示。

图 113　background-repeat: repeat-y; 的效果

一言以蔽之，要灵活地调整属性值来实现所需的效果。

11.3　多重背景

可以为同一个 HTML 元素设置多个背景图片，方法非常简单。图 114 展示了两个图片文件。

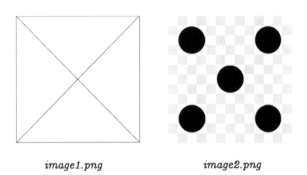

image1.png　　　　　　image2.png

图 114　两个图片文件

在 image2.png 中，棋盘图案表示透明区域，这些区域并不是图片本身的一部分。这样的表示方式在 Photoshop 等图片处理软件中很常见。

当像 image2.png 这样的图片位于其他图片或 HTML 元素之上时，透明区域不会遮挡其下的内容，这就是 CSS 多重背景的原理。

以图 114 中的图片为例，要为 HTML 元素设置多重背景，可以使用以下这段 CSS 代码：

```
body {background: url("image2.png"), url("image1.png");}
```

注意，图片的顺序非常重要。排在最前面的图片显示在最上层，这就是要从 image2.png 开始的原因。显示效果如图 115 所示。

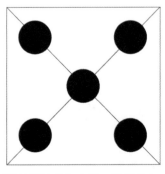

图 115　将有透明区域的图片叠加在另一张图片上，实现多重背景效果

这个例子演示了如何为块级元素设置多重背景。接下来再看一个例子，如图 116 所示。

puppy.png   ***pattern.png***

图 116　左：带有透明区域的小狗图片；右：带有图案的图片

将小狗图片 puppy.png 放在属性值的第一项，使它叠加在图案图片 pattern.png 之上，代码如下：

```
body {background: url("puppy.png"), url("pattern.png");}
```

效果如图 117 所示。

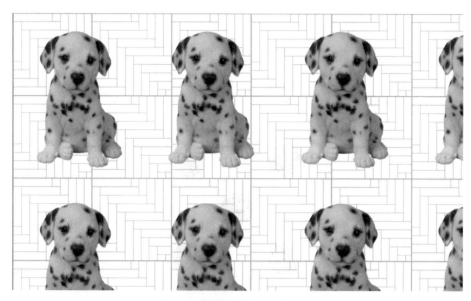

图 117　小狗图片位于图案之上

除了 background 属性，还有一些与背景相关的属性也可以接受多个属性值，以下列举一些例子。

- ❏ background-attachment
- ❏ background-clip
- ❏ background-image
- ❏ background-origin
- ❏ background-position
- ❏ background-repeat
- ❏ background-size

有一个例外，那就是 background-color。这是因为，设置多个背景颜色值没有意义。当设置背景颜色后，整个元素会被纯色填充，这与设置多重背景截然不同。多重背景要求至少有一张背景图片含有透明区域。因此，不应该设置多个背景颜色值。

11.4 **background-attachment**

利用 background-attachment，可以设置页面滚动时背景图片如何显示。图 118 展示了 background-attachment: scroll; 的效果，即背景图片随着页面滚动而移动。

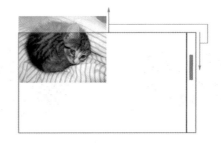

图 118 左图是页面滚动前的效果，右图是页面滚动后的效果

利用 background-attachment: fixed;，可以使背景图片不随页面滚动而移动，如图 119 所示。

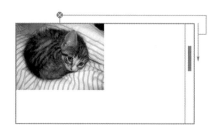

图 119 background-attachment: fixed; 的效果，即背景图片固定

11.5 **background-origin**

background-origin属性基于CSS盒模型指定背景图片的相对位置。它可以取3个属性值，分别是 content-box、padding-box、border-box，如图 120 和图 121 所示。

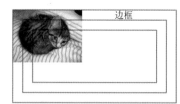

图 120 左：content-box；中：padding-box；右：border-box

图 121 左：content-box；中：padding-box；右：border-box

此外，利用属性 background-position-x 和 background-position-y，可以为背景图片创建丰富的方位模式，如图 122 所示。

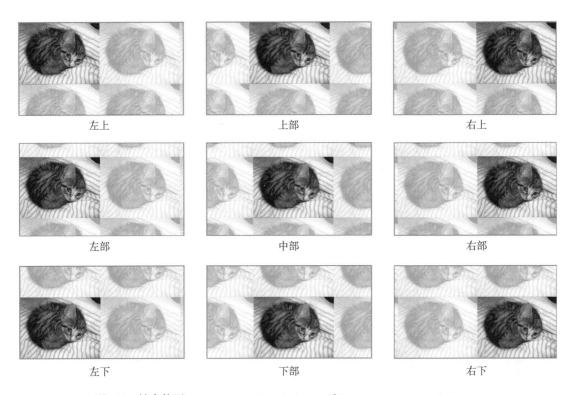

左上	上部	右上
左部	中部	右部
左下	下部	右下

图 122　结合使用 `background-position-x` 和 `background-position-y`

最后需要补充的是，`background` 及其他与背景设置相关的属性不仅可以用于指定背景图片，还可以指定纯色、线性渐变、径向渐变。图 123 给出了一些例子。

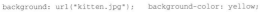

`background: url("kitten.jpg");`　`background-color: yellow;`　`background: linear-gradient(to right, black, white);`　`background: radial-gradient(black, white);`

图 123　除了指定背景图片，还可以用 `background` 及其他相关属性指定纯色、线性渐变、径向渐变

object-fit

background 属性的一些功能已经被 object-fit 属性所取代,但它们有一些细微的区别。为 object-fit 设置不同的属性值后,可以得到如图 124 所示的各种效果。

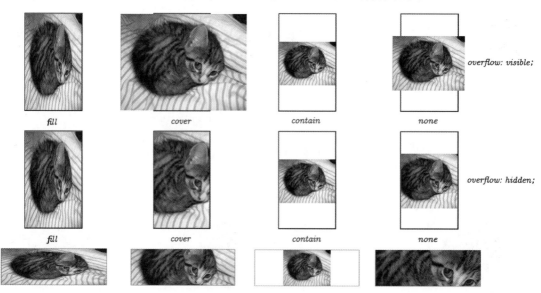

图 124 使用 object-fit 属性可以让对象以不同的方式适应父元素的大小。属性值从左到右分别为 fill、cover、contain、none

在图 124 中,第 1 行设置了 overflow: visible;,第 2 行则设置了 overflow: hidden;,第 3 行的 overflow 属性值与第 2 行的相同,但 HTML 元素的长宽比正好相反。这说明,object-fit 的效果会随元素长宽比的不同而有所不同。

需要注意的是,虽然与 background 属性很相似,但是 object-fit 属性只用于不作为背景的图片(以 <img> 标签创建)、视频以及其他元素。

边　框

CSS 边框的奥妙之处远比表面上看到的要多，尤其是设置边框半径属性。有了横向和纵向的值之后，边框半径便可以影响同一元素的其他角。在详细介绍边框半径之前，先总体介绍 CSS 边框。

13.1　概览

我们可以通过 JavaScript 控制所有的 CSS 属性。以图 125 为例，先用 `document.getElement-ById("container")` 获取一个元素的所有 CSS 属性，再用元素名.style 访问这些属性。

```
<body style = "margin: 30px;">
    <div id = "container">
        <div style = "width: 100%; height: 100%;
            background: white;">CSS Is Awesome.</div>
    </div>
</body>
```

CSS Is Awesome.

```
var x = document.getElementById("container");
x.style.fontSize = "25px";
x.style.lineHeight = "50px";
x.style.width = "500px";
x.style.height = "200px";
x.style.border = "30px solid silver";
x.style.background = "url(diag.png)";
x.style.padding = "30px";
```

图 125　通过 JavaScript 控制 CSS 属性

可以使用 border 属性同时设置所有边的边框，如下所示。

`border: 5px solid gray;`

border-radius 属性用于为元素设置圆角边框，如图 126 所示。

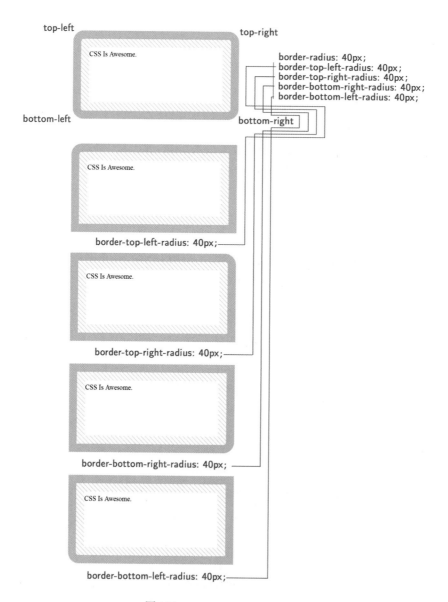

图 126　border-radius

图 127 详细地说明了何谓**边框半径**（border radius）。

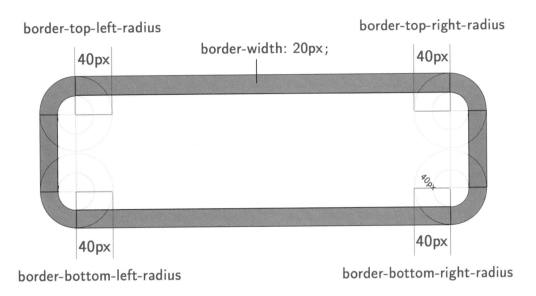

图 127　分别为四个角设置边框半径

如果使用大于或等于元素大小的值，则实际将采用适合该元素大小的最大半径值，如图 128 所示。

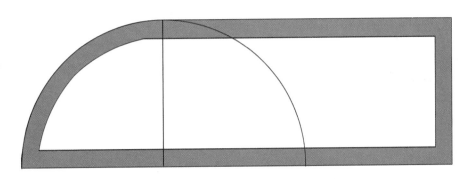

使用一个很大的值（大于或等于元素的长或宽）

图 128　最大边框半径

以下代码可以实现如图 129 所示的效果。

```
border-top-left-radius: 300px;
border-top-right-radius: 40px;
border-bottom-left-radius: 40px;
border-bottom-right-radius: 40px;
```

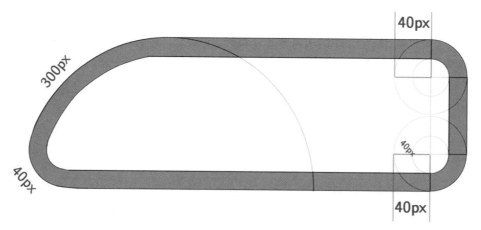

图 129　奇妙的 CSS 边框效果

13.2　椭圆边框半径

即使长时间使用 CSS，很多人也不知道可以用 `border-radius` 属性创建椭圆边框，如图 130 所示。不过，椭圆边框的效果并不像通过轴对称半径设置的边框那样容易预测。

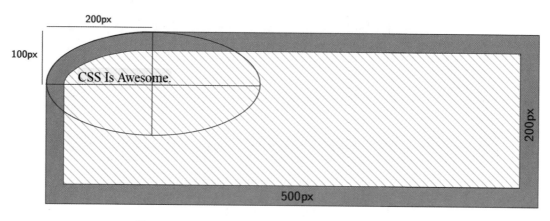

图 130　`border-top-left-radius: 200px 100px;`

要创建椭圆边框，在同一角上为每个轴各设一个值，值之间以空格分隔。

　　如果将一个角的椭圆边框半径设置为非常大的值，那么相邻角的弧度会受到影响（如图131 所示），尤其是半径值较小的角，这就是椭圆边框的效果不容易预测的原因。不过，这也有好的一面：你可以不断尝试，或许能实现意想不到的效果。

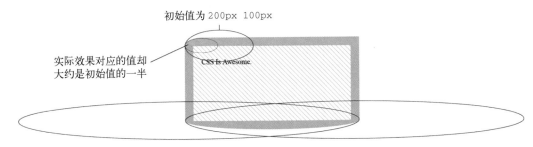

图 131　如果某一角的半径值过大，相邻角就会受到影响

　　再来看一个例子，如图 132 所示。

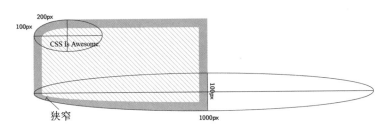

图 132　将椭圆边框半径设置为非常大的值会影响其他角

　　在图 133 中，我们只修改右上角的弧度值。需要注意，元素的所有角相互依赖，因此没有被修改弧度值的角也会受到影响。

图 133　元素的所有角相互依赖

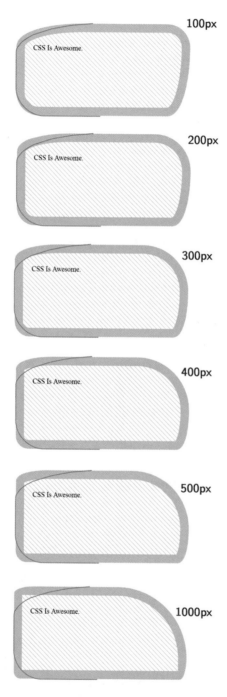

图 133 （续）

好了，现在你可以大胆尝试，看看能实现什么样的神奇效果。图 134 是一个例子。

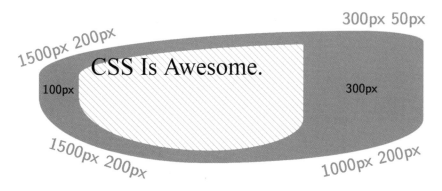

图 134　不一样的边框效果

二维变换

二维变换包括对 HTML 元素进行移动、旋转、缩放，分别对应 transform 属性的属性值 translate、rotate、scale。

接下来，我们将以如图 135 所示的简单元素为例，说明如何进行二维变换。

CSS Is Awesome

图 135　包含父元素和子元素的原始样例

14.1　移动

除了使用 top 属性和 left 属性，还可以使用 transform: translate(x, y); 在 x 轴和 y 轴上移动元素，如图 136 所示。

translate(30px, 10px)

CSS Is Awesome

图 136　将子元素向右移动 30px，并向下移动 10px

14.2 旋转

使用 `transform: rotate(角度值);` 可以让元素围绕其中心点旋转。其中，角度值的取值范围是 0 ~ 360，并要附上单位 `deg`，如图 137 所示。

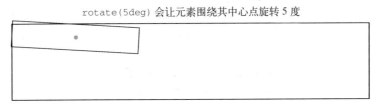

图 137 `transform: rotate(5deg);`

当然，你可以同时移动和旋转 HTML 元素，如图 138 所示。

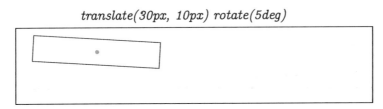

图 138 将子元素向右移动 30px，并向下移动 10px，同时围绕其中心点旋转 5 度

移动与旋转的前后顺序并不重要。也就是说，`translate(30px, 10px) rotate(5deg)` 和 `rotate(5deg) translate(30px, 10px)` 的效果一样。

接下来看看多个元素的情况。在图 139 中，设置为 `display: block; position: relative;` 的 3 个元素同时旋转了相同的角度。

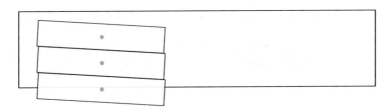

图 139 连续排列的元素的相对位置保持不变

移动变换的值可以是相对于元素大小的百分比，如图 140 所示。

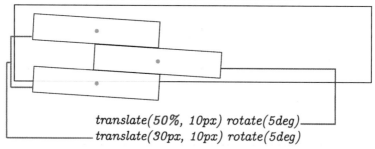

图 140　第 2 个元素移动的距离是元素宽度的一半

即使在旋转后，文档流中的元素也会保持相对位置，如图 141 所示。

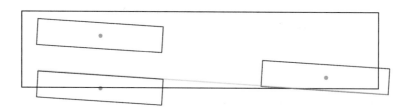

图 141　元素的整个结构保持不变，就像一个块级元素一样

旋转中间的元素不会影响其他元素在整个结构中的位置。不过，元素的边缘可能会重叠，如图 142 所示。

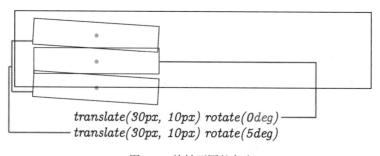

图 142　旋转不同的角度

默认情况下，元素围绕其中心点旋转，如图 143 所示。

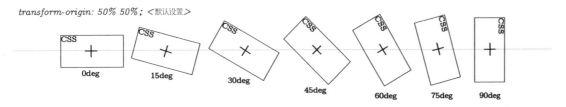

图 143　元素默认绕其中心点旋转

使用 transform-origin 属性，可以为元素的旋转设置原点，如图 144 和图 145 所示。

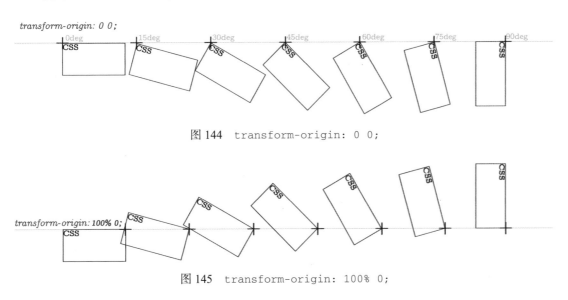

图 144　transform-origin: 0 0;

图 145　transform-origin: 100% 0;

旋转原点不一定是元素的中心点或某一角。事实上，可以围绕任何一点旋转元素，如图 146 所示。

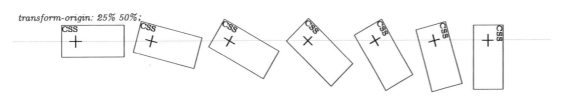

图 146　transform-origin: 25% 50%;

三维变换

三维变换可以给普通的 HTML 元素增添透视感，使之产生三维效果。

15.1 rotateX 和 perspective

使用 transform: rotateX(角度值); 可以沿着 x 轴旋转元素。此外，使用 perspective 属性可以针对三维元素进行透视变换。

以图 147 为例，3 行元素的 perspective 属性值分别是 100px、200px、300px。perspective-origin 属性则用于移动透视原点。

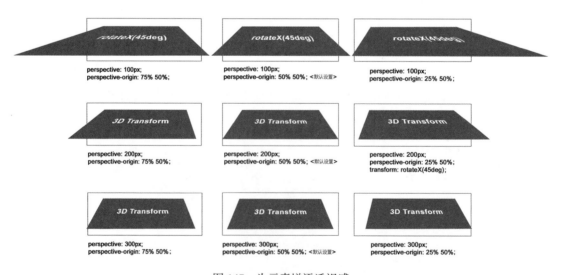

图 147　为元素增添透视感

15.2 **rotateY** 和 **rotateZ**

与 rotateX 同理，使用 rotateY 和 rotateZ 可以分别沿着 y 轴和 z 轴旋转元素。图 148 展示了一些效果。

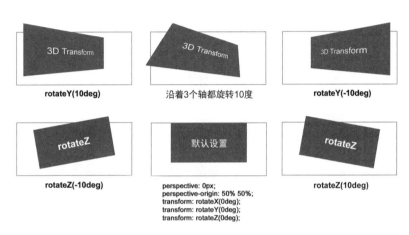

图 148　rotateY 和 rotateZ

15.3 缩放

使用 scaleX、scaleY、scaleZ 可以分别在 x 轴、y 轴、z 轴上调整元素的大小。当没有预设透视属性时，在 z 轴上缩放元素并不会改变它的外观，如图 149 所示。

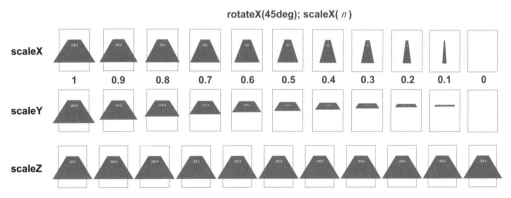

图 149　在 3 个轴上任意调整元素的大小

15.4 移动

使用 translateX、translateY、translateZ 可以分别在 x 轴、y 轴、z 轴上移动元素，如图 150 所示。需要注意的是，我们面向 z 轴的负方向。因此，使用 translateZ(200px) 会让元素离我们更近，translateZ(-200px) 则会让元素离我们更远。换句话说，元素看起来会相应地变大或变小。

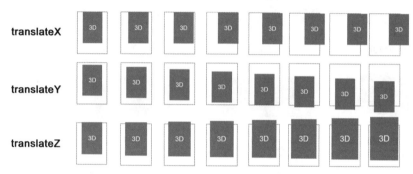

图 150　分别在 3 个轴上移动元素

利用 matrix3d 属性，可以生成 4×4 矩阵（如图 151 所示），用于定义三维变换。三维矩阵的原理已经超出了本书范畴，但简单地说，它可以改变透视角度。在三维游戏中，三维矩阵常用于设置视角，以突出主要角色，或"锁定"移动的对象。

X	Y	Z	
m_1	m_2	m_3	m_4
m_5	m_6	m_7	m_8
m_9	m_{10}	m_{11}	m_{12}
m_{13}	m_{14}	m_{15}	m_{16}

transform: **matrix3d**(*m1,m2,m3,m4,m5,m6,m7,m8,m9,m10,m11,m12,m13,m14,m15,m16*);

图 151　利用 matrix3d 属性生成 4×4 矩阵

15.5 构建立方体

可以利用 CSS 的三维变换属性和 6 个 HTML 元素构建如图 152 所示的立方体。6 个 HTML 元素分别对应立方体的 6 面。

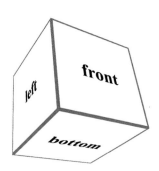

图 152 由 6 个 HTML 元素组成的立方体，每个元素都按其宽度的一半移动并在各个方向上旋转 90 度

创建元素的代码如下所示。

```
<div class = "view">
  <div class = "face front">front</div>
  <div class = "face back">back</div>
  <div class = "face right">right</div>
  <div class = "face left">left</div>
  <div class = "face top">top</div>
  <div class = "face bottom">bottom</div>
</div>
.view {
  width: 200px;
  height: 200px;
  perspective: 300px;
}
```

接下来，让我们开始构建立方体吧！

```
.cube {
  width: 100%;
  height: 100%;
  position: relative;
  transform-style: preserve-3d;
```

```
  transform: translateX(50px) translateY(50px);
}

.face {
  position: absolute;
  width: 100px;
  height: 100px;
  background: transparent;
  border: 2px solid gray;
  text-align: center;
  line-height: 100px;
}

.front {transform: rotateY(0deg) translateZ(50px);}
.right {transform: rotateY(90deg) translateZ(50px);}
.back {transform: rotateY(180deg) translateZ(50px);}
.left {transform: rotateY(-90deg) translateZ(50px);}
.top {transform: rotateX(90deg) translateZ(50px);}
.bottom {transform: rotateX(-90deg) translateZ(50px);}
```

图 153 具体地说明了如何构建立方体。

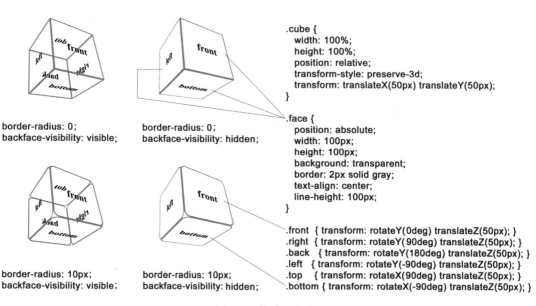

图 153　构建立方体

注意，将 backface-visibility 属性设置为 hidden，可以隐藏不在我们视线中的元素，使立方体看起来不透明。

弹性盒布局

弹性盒布局是一系列规则，用于在父容器中自动伸缩排列多列或多行内容。

16.1 **display: flex**

与许多其他的 CSS 属性不同，在弹性盒布局中，我们处理的对象是一个内嵌子元素的容器（父元素）。一些弹性盒布局属性只作用于父元素，另一些则只作用于子元素。

可以把弹性盒元素看作设置为 display: flex; 的父元素。位于其中的元素称为子元素。如图 154 所示，每个父元素都有一个起始点 flex-start 和一个终止点 flex-end。

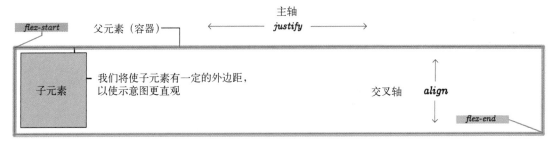

图 154　每个父元素都有一个起始点和一个终止点

16.2 主轴和交叉轴

虽然子元素是线性排列的，但弹性盒布局格外注重行和列的排布。因此，弹性盒布局有两个坐标轴：横轴称为**主轴**，纵轴称为**交叉轴**。

以 justify 开头的属性用来控制子元素的宽度，以及它们在主轴上的间隔。以 align 开头的属性用来控制子元素在交叉轴上的显示方式。

以每行 3 个子元素为例，如果要排列 6 个子元素，那么弹性盒布局将自动创建第 2 行来容纳子元素。如果子元素超过 6 个，则会生成更多行。

在图 155 中，子元素均匀地分布在主轴上。之后我们会看看如何通过设置属性来实现这样的效果。

图 155　子元素在主轴上均匀分布

可以自定义列数，如图 156 所示。父元素中行与列的排布方式由 flex-direction、flex-wrap 等属性决定。本章稍后会给出示例。

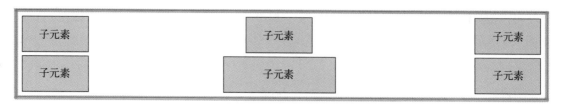

图 156　子元素的另一种排布方式

在图 157 中，父元素包含 n 个子元素。在默认情况下，子元素从左到右排列，不过也可以反过来。

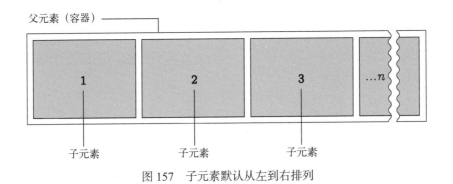

图 157　子元素默认从左到右排列

16.3　方向

使用 `flex-direction` 属性可以设置子元素的排列方向，默认的属性值是 `row`，即从左到右排列。利用属性值 `row-reverse`，可以反转子元素的排列方向，如图 158 所示。

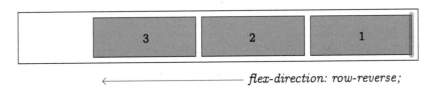

图 158　利用属性值 `row-reverse` 反转子元素的排列方向

16.4　换行

`flex-wrap` 属性用于设置子元素的换行方式。如果想在子元素的宽度总和超过父元素的宽度时将子元素换行，请将属性值设置为 `wrap`，即 `flex-wrap: wrap;`，如图 159 所示。

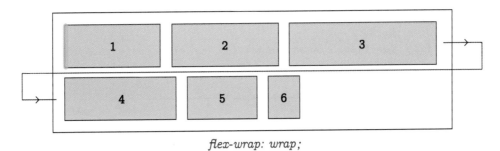

图 159　规定子元素在必要时换行

16.5 **flex-flow**

flex-flow 是 flex-direction 和 flex-wrap 的简写形式，只用这一个属性就能同时设置子元素的排列方向和换行方式。

它的语法是 flex-flow: flex-direction 属性值 flex-wrap 属性值 ;。在图 160 中，通过设置 flex-flow: row wrap;，使子元素按从左到右的顺序排列，并且在必要时换行。

flex-flow: row wrap;

图 160　利用 flex-flow 属性同时设置子元素的排列方向和换行方式

利用 wrap-reverse 使换行方式相反，如图 161 所示。

flex-flow: row wrap-reverse;

图 161　wrap-reverse 的效果

图 162 ~ 图 165 展示了不同的效果。其中用到 justify-content 属性，16.6 节将详细介绍。

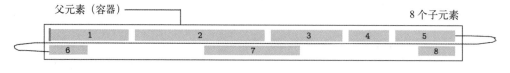

图 162　flex-flow: row wrap; justify-content: space-between;

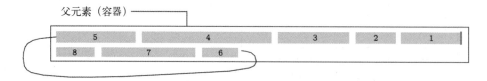

图 163　flex-flow: row-reverse wrap;

图 164 `flex-flow: row-reverse wrap-reverse;`

图 165 `flex-flow: row wrap; justify-content: space-between;`

若想使弹性盒布局以交叉轴优先,可以把 `flex-direction` 设置为 `column`。这样一来,`flex-flow` 的效果也将以垂直方向为准。图 166 展示了将 `flex-direction` 分别设置为 `column` 和 `column-reverse` 时的效果。

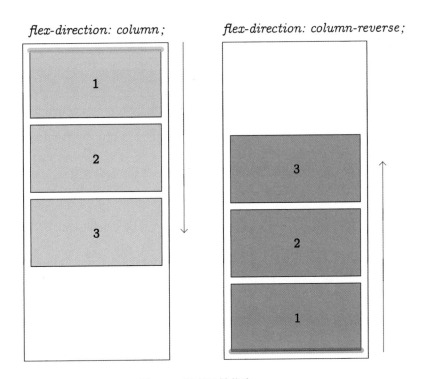

图 166 以交叉轴优先

16.6 `justify-content`

　　图 167 直观地展示了当 `justify-content` 属性分别取不同的属性值时的效果。在本例中，每行仅使用了 3 个子元素。不过，弹性盒布局对子元素的数量没有限制。

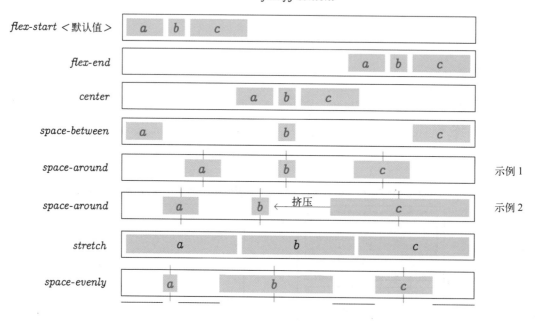

图 167 `justify-content` 属性的用法示例。注意，如果将其设置为 `space-evenly`，那么无论元素的大小如何，所有间隔都是相等的

　　图 168 中的属性值与图 167 中的几乎一样，只不过方向以交叉轴优先，即 `flex-direction: column;`。

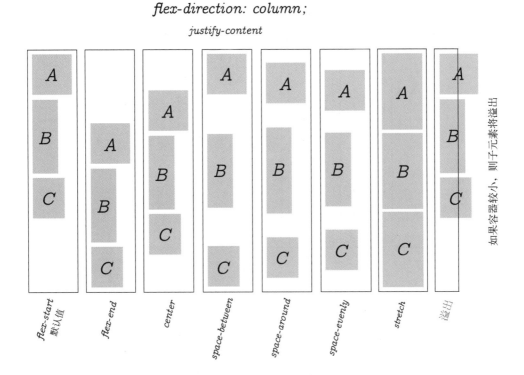

flex-direction: column;

justify-content

图 168 当把 `flex-direction` 设置为 `column` 时，也可以使用 `justify-content` 控制子元素的排布方式

16.7 **align-content**

`align-content` 的效果和前几个例子很相似，只不过它作用的对象是一组子元素，如图 169 和图 170 所示。在给多组子元素设置间隔时，`align-content` 属性非常有用。弹性盒布局规范将图 169 中的应用场景称为 packing flex lines（控制多条弹性盒轴线）。

flex-direction: row;

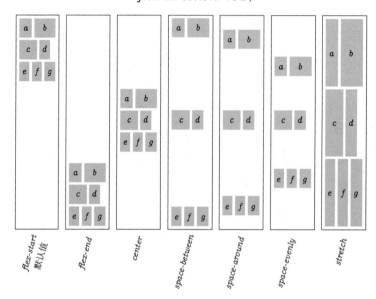

图 169　用 `align-content` 控制多条弹性盒轴线（以主轴优先）

flex-direction: column;

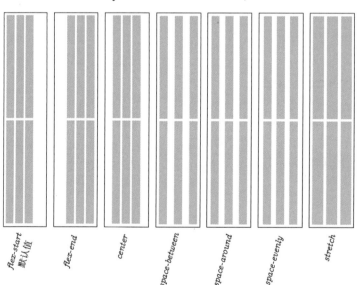

图 170　用 `align-content` 控制多条弹性盒轴线（以交叉轴优先）

16.8 `align-items`

align-items 属性控制子元素相对于父元素（容器）的水平对齐方式。图 171 展示了该属性取不同属性值时的效果。

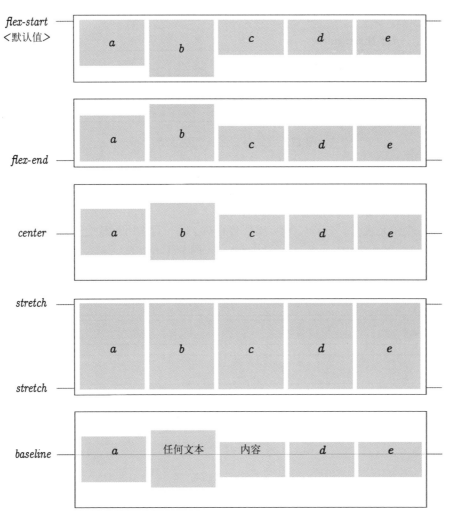

图 171 `align-items` 用法示例

16.9 **flex-basis**

flex-basis 的作用类似于非弹性盒布局属性 min-width。当设置为 auto 时，flex-basis 将根据其中内容的多少自动调整子元素的大小，如图 172 所示。当然，也可以将属性值设置为具体的数值。

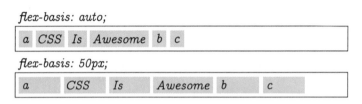

图 172 flex-basis 用法示例

16.10 **flex-grow**

在作用于一个子元素时，flex-grow 属性将相对于同一行中所有其他子元素的大小之和进行伸缩，这些子元素将根据指定的属性值自动调整。在图 173 中，flex-grow 的属性值分别是 1、7，以及最后一行中的 3 和 5。

图 173 flex-grow 用法示例

16.11 **flex-shrink**

flex-shrink 的作用与 flex-grow 的正好相反。在图 174 中，设置属性值为 7 意味着该子元素将"缩小"到周围子元素大小的 1/7。当然，这些子元素的大小也是自动调整的。

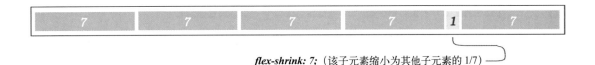

图 174　`flex-shrink` 用法示例

在单独设置某个子元素时，可以使用 `flex` 属性，它结合了 `flex-grow`、`flex-shrink`、`flex-basis` 的功能，语法如下所示。

```
.item {flex: none | [<flex-grow><flex-shrink> || <flex-basis>]}
```

16.12　order

可以使用 `order` 属性重新排列子元素的顺序，如图 175 所示。对于所有子元素来说，默认值都是 `order: 0;`。

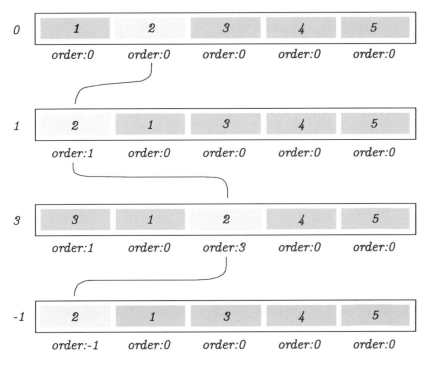

图 175　使用 `order` 属性重新排列子元素的顺序

16.13 **justify-items** 与 **justify-content**

justify-items 属于 CSS 网格布局属性，类似于弹性盒布局属性 justify-content。第 17 章将介绍 CSS 网格布局，现在让我们一睹为快，如图 176 所示。

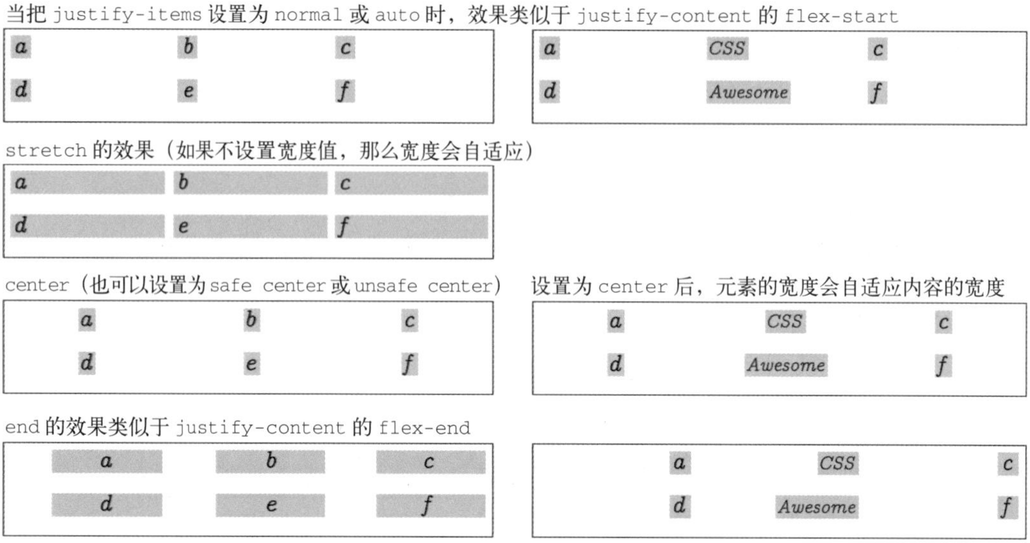

图 176 justify-items 用法示例

CSS 网格布局

2017 年，我在位于美国得克萨斯州的一家软件公司参加面试。那里的团队主管告诉我，计算机科学家（或者说所有领域的科学家）往往通过"填补空白"来不断进步。

这句话让我至今无法忘怀。

你或许和我一样，发现自己正在试图填补学习 CSS 网格布局的空白，正如每次新技术出现在毫无准备的 JavaScript 开发人员的面前时那样。

这正是我决定在本书中利用示意图呈现 CSS 属性的原因。

虽然我认为自己主要是 JavaScript 程序员，但我也同样认为自己有一定的平面设计思维。就本书中的 CSS 网格布局而言，也许我就是在"填补"自己在 CSS 领域的"空白"。

正如专业的图书设计师知道的那样，CSS 网格布局的关键并不在于抓住布局设计的可见部分，而在于抓住那些不可见的部分。

容我解释一下。图书设计师关心页边距——一个常被忽视却十分必要的元素。它看起来也许不重要，但倘若删除这个读者最不在乎的元素，整体的阅读体验就会变得很糟糕。只有在页边距缺失时，读者才会注意到它。因此，设计师必须关注不可见的设计元素。

当使用 CSS 网格布局进行设计时，可以将创建美观布局的工作视为设计高级版本的图书页边距吗？也许可以。

当然，CSS 网格布局远远超出了设计图书页边距的范畴，但它们在深层次上的设计原则仍是相同的——不可见的元素依然很重要。在 CSS 网格布局中，这个概念就是**间隔**（gap）。毕竟，在某种程度上，CSS 网格布局就像是另一个层面上的图书页边距。

17.1 创建你的第一个 CSS 网格布局

与弹性盒相似，CSS 网格布局属性永远不会只应用于一个元素。CSS 网格布局更像是由父元素及其子元素组成的整体。父元素也叫作**容器**（container）。

CSS 网格流的方向既可以是按行排布，也可以是按列排布，但默认情况下是按行排布。这意味着如果不更改默认值，那么子元素将自动形成一行，其中每个子元素从网格的容器元素中继承宽度，如图 177 所示。

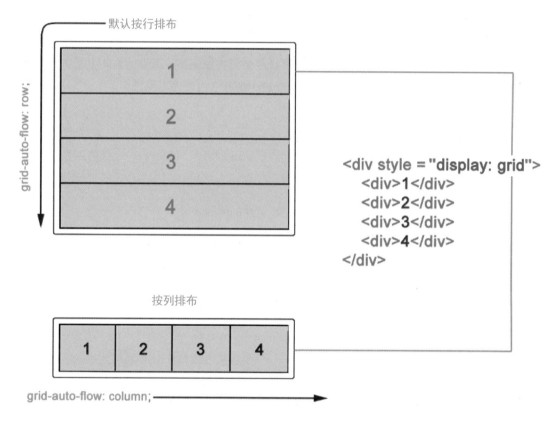

图 177　通过设置 `grid-auto-flow` 属性来决定 CSS 网格是按行排布还是按列排布

CSS 网格布局创建了一个虚拟的网格环境，在其中，子元素不需要填满网格的所有区域。不过，添加的子元素越多，被填充的网格就越多。这个自动完成的过程在 CSS 网格布局中非常自然和优雅。

CSS 网格布局使用列模板和行模板来分别控制横向和纵向的子元素数量。如图 178 所示，可以分别使用 CSS 属性 `grid-template-columns` 和 `grid-template-rows` 来指定横向和纵向的子元素数量。这是 CSS 网格的基本结构。

子元素：`<div>1</div> <div>2</div> <div>3</div>`

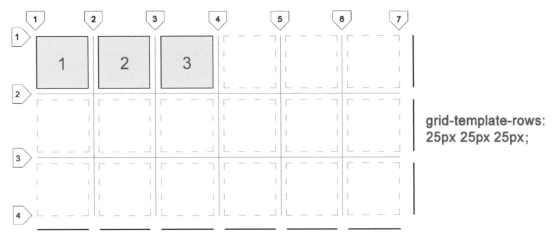

图 178　使用列模板和行模板来分别控制横向和纵向的子元素数量

请留意 CSS 网格布局对间隔的定义。与其他所有 CSS 属性不同，CSS 网格布局中的间隔是从元素的左上角开始以数字编号来定义的。

正如你所料，列之间有 < 列数 +1> 个间隔，与之类似，行之间有 < 行数 +1> 个间隔。CSS 网格布局没有默认的内边距、边框或外边距，所有子元素的默认值都是 `content-box`。

使用属性 `grid-row-gap` 和 `grid-column-gap`，可以按行或按列单独设置 CSS 网格的间隔大小（间距）。为方便起见，也可以只用属性 `grid-gap` 作为快捷的缩写设置。

在图 179 中，我创建了一个小型网格，它由一行和两列组成。需要注意的是，图中的楔形标识表示子元素之间的水平间隔与垂直间隔。此后的所有示意图都将采用这种表示方法。间隔与边框或外边距略有不同，这是因为网格区域的外部并不由这些间隔所填充。

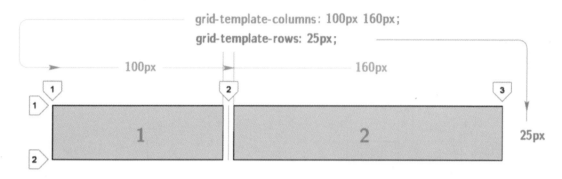

图 179　由一行和两列组成的网格布局

让我们来仔细研究图 179 中的这个简单的例子。这里，我们利用 CSS 属性 `grid-template-columns` 和 `grid-template-rows` 定义了基本的网格布局。这两个属性可以取多个值，这些值以空格来分隔。在这里，我们定义了两列（`100px 160px`）和一行（`25px`）。此外，即使定义了间距，网格容器外边框上的间隔也不会添加额外的内边距。因此，它们应被看作正好定义在边缘上。只有列之间和行之间的间隔才会受间距的影响。

现在为 CSS 网格添加更多子元素。如果行模板没有足够的空间来放置它们，它就会通过自动扩展网格来创造更多空间。在图 180 中，我们添加了子元素 3 和子元素 4，但设置的 `grid-template-columns` 和 `grid-template-rows` 仅为最多 2 个子元素提供模板。

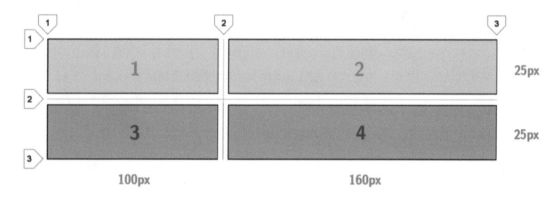

图 180　添加子元素 3 和子元素 4

17.2　隐式行和隐式列

　　CSS 网格会把内容添加到自动创建的隐式网格中，即便它们未被指定为网格模板的一部分，CSS 网格也会这样做。我喜欢称隐式网格为自动填充网格，它们会继承现有模板的宽度和高度，并且只需在必要时扩展网格的区域。在子元素数量未知的时候，例如，当回调函数从数据库中返回有关产品的大量图像时，这个特性就很有用。

　　在图 181 中，我们为子元素 3 添加了隐式网格。不过，由于没有子元素 4，因此最后一个网格未被占用，使得网格布局并不均衡。

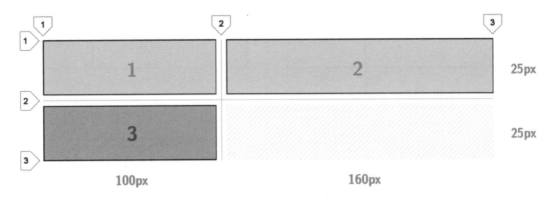

图 181　子元素 4 缺失

　　CSS 网格不应作为表格来使用。但有趣的是，CSS 网格布局继承了 HTML Table 布局中的一些设计。事实上，在仔细分析之后会发现，它们之间的相似之处多得令人难以置信。

　　在图 182 中，左图是网格布局。grid-column-start、grid-column-end、grid-row-start、grid-row-end 提供了与表格的 colspan 和 rowspan 相同的功能。它们的区别在于，CSS 网格使用间隔空间来确定 span 区域。稍后，你将看到一种简写形式。请注意，这里隐式添加了子元素 7 ~ 9。因为子元素 1 在网格中占用的跨度很大，所以往后推了 3 个子元素，而 HTML Table 是永远不会这样做的。

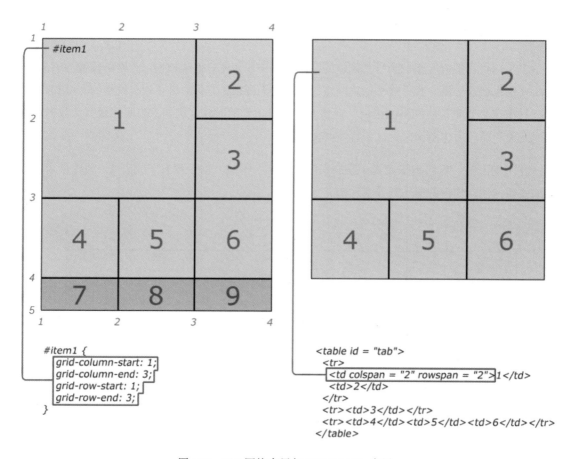

图 182　CSS 网格布局与 HTML Table 布局

17.3 **grid-auto-rows**

grid-auto-rows 属性会让 CSS 网格使用特定高度来自动创建隐式行。没错，可以设置不同的行高。我们可以为网格中的所有隐式行设置特定的高度，而不是从 grid-template-rows 中继承，如图 183 所示。

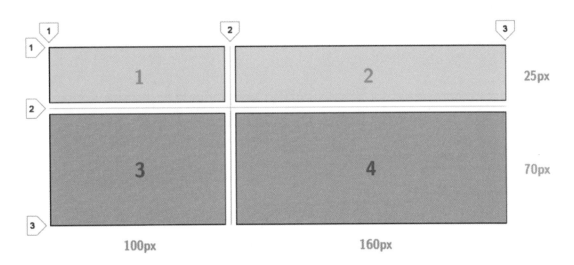

图 183　隐式行的高度由 grid-auto-rows 确定

当然，你完全可以自己设置所有的行高，如图 184 所示。

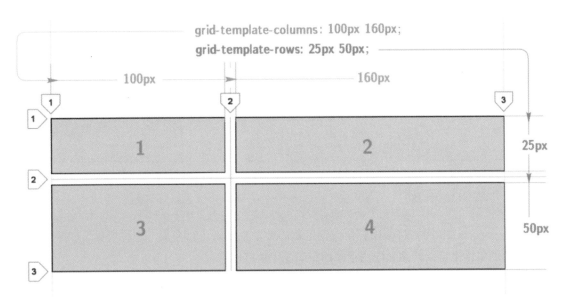

图 184　明确指定所有行高和列宽

在某种程度上，CSS 网格布局的 grid-auto-flow 属性提供了类似于弹性盒的功能，可以通过覆盖行和列的默认值来实现，如图 185 所示。请注意，本例还使用了 grid-auto-columns：

25px; 来确定连续列的宽度。这与 grid-auto-rows 的原理相同，只不过这次子元素是水平排布的。

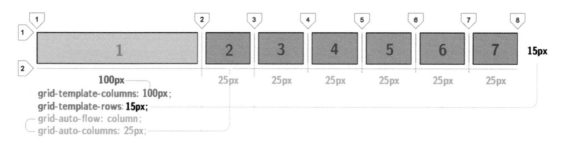

图 185 在某种程度上，grid-auto-flow 属性提供了类似于弹性盒模型的功能

17.4 自动列宽

CSS 网格非常适合用来创建传统的三栏布局，即中间一列的两侧各有较窄的一列。实现方法非常简单，只需把中间一列的 grid-template-columns 属性设置为 auto 即可，如图 186 所示。

自动列宽

图 186 grid-template-columns: 100px auto 100px;

这样一来，CSS 网格将使用容器或浏览器的整个宽度来进行布局。如你所见，CSS 网格提供了大量的属性来帮助网站和应用程序的布局变得更有创意。

17.5 间隔

前面在讨论间隔时，我们主要关注它如何覆盖各行和各列之间的空间，但没有谈到如何更改间距。图 187 展示了间隔如何影响 CSS 网格的外观。grid-column-gap 属性用于指定 CSS 网格的列间距。

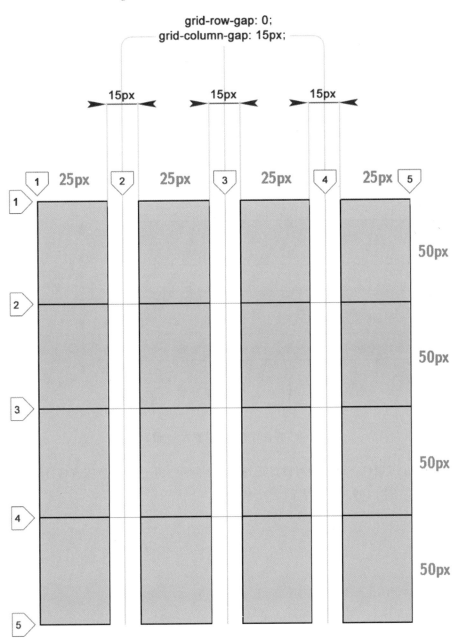

图 187　将各列的间距设置为 15 像素

我故意将各行的间距缩小为 0，以突出展示列间距。通过这种布局，我已经能想象出类似于 Pinterest 的页面设计了。

同理，通过使用 grid-row-gap 属性，可以为整个 CSS 网格设置行间距，如图 188 所示。同样，我把各列的间距缩小为 0，以突出展示行间距。

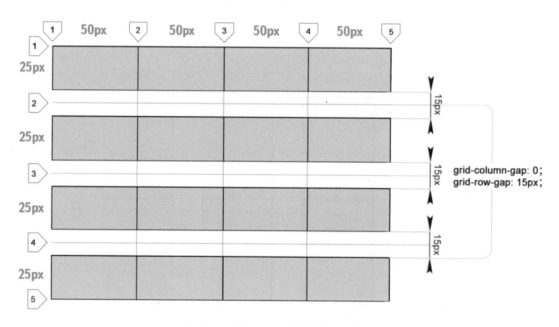

图 188　将各行的间距设置为 15 像素

使用 grid-gap 属性，可以同时设置行间距和列间距。不过，这意味着将行间距和列间距设置为相同的值。在图 189 中，二者都是 15 像素。

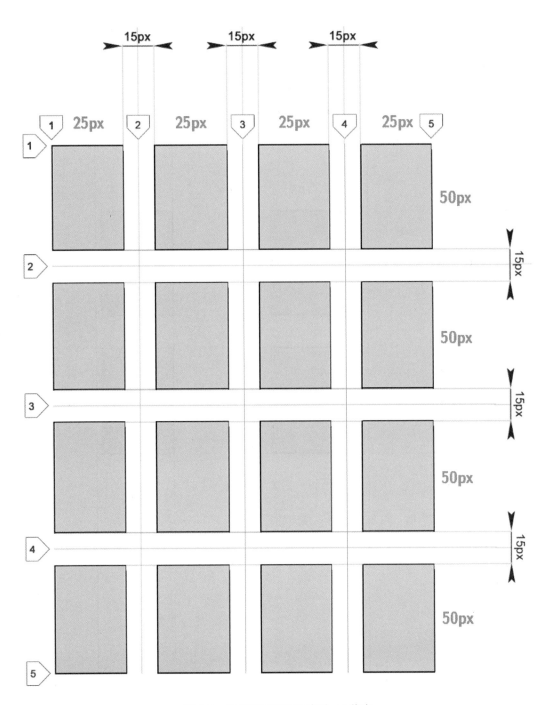

图 189　行间距和列间距都为 15 像素

接下来演示 CSS 网格的不同用法。在图 190 中，我分别设置了行间距和列间距。本例使用了较宽的列间距，在为宽屏布局创建图片栏时，可以这样做。

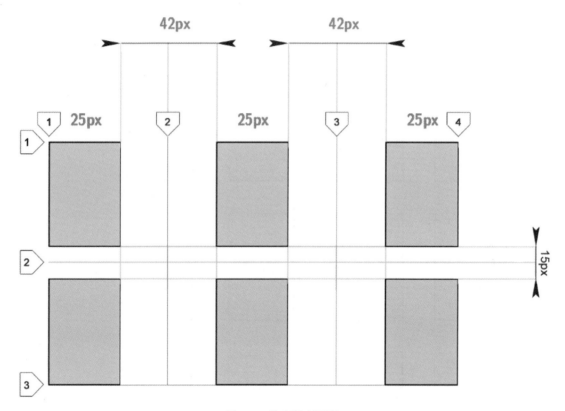

图 190 较宽的列间距

图 191 与图 190 类似，只不过使用了较大的行间距。

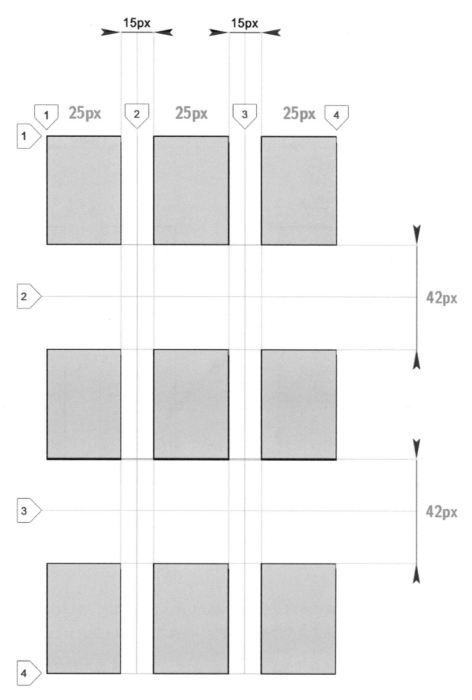

图 191 较大的行间距

让我感到失望的是，CSS 网格不能在同一方向上设置不同的间距大小，如图 192 所示。我认为这是 CSS 网格布局最大的不足，希望这个问题在将来能得到解决。

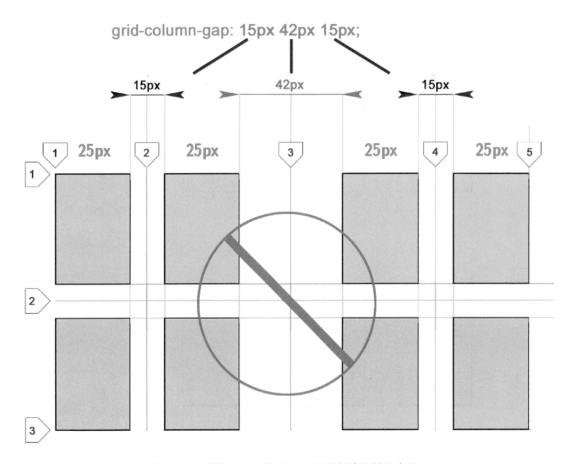

图 192 目前暂时无法使用 CSS 网格创建这样的布局

17.6 **fr** 单位

fr 是分数单位，用于调整剩余空间大小，并且不限于 CSS 网格。不过，若与 CSS 网格相结合，它能在创建未知屏幕分辨率的布局时发挥神奇的作用——保持原先的比例，而无须使用百分比。

fr 单位类似于 CSS 中的百分比值（`25%`、`50%`、`100%`），但它使用小数进行表示（`0.25`、`0.5`、`1.0`）。

不过，1fr 并不总是等同于 100%，这是因为 fr 单位会自动按比例分配剩余空间。图 193 是 fr 单位的一个例子。

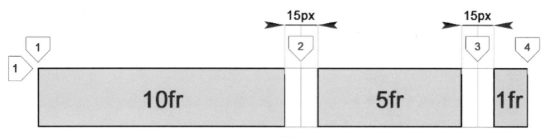

图 193　fr 单位的示例

无论 10fr 占用多大的空间，1fr 都是 10fr 的十分之一，它们都是相对值。这对于凭直觉行事的设计师来说是个好消息。

若使用 1fr 定义 3 列，会相应地生成等宽的 3 列，如图 194 所示。

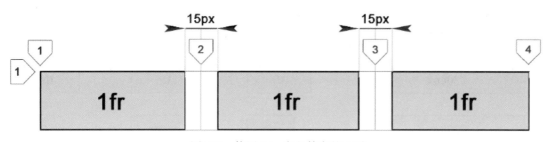

图 194　使用 1fr 定义等宽的 3 列

也可以用小数来定义。0.5fr 正好是 1fr 的一半，而它们的具体宽度是相对于父容器宽度得出的，如图 195 所示。

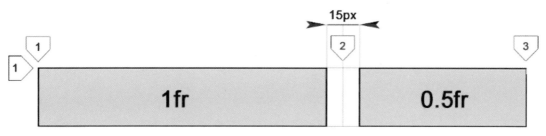

图 195　0.5fr 正好是 1fr 的一半

可以混合使用 fr 单位和百分比值吗? 当然可以! 图 196 演示了混合使用 fr 和 % 的效果。

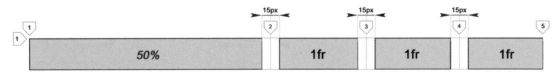

图 196 混合使用 fr 单位和百分比值

使用 1fr 并逐渐增加列间距会产生如图 197 所示的效果。本例使用了 5 个 CSS 网格,旨在说明 1fr 会受到间隔变化的影响。在使用 fr 单位时,应该注意这一点。

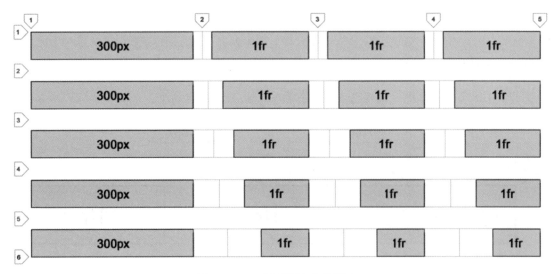

图 197 1fr 受间隔变化的影响

可以用 fr 单位来创建如图 198 所示的布局。虽然我不知道什么时候需要这种庞大的布局,但它清晰地展示了 fr 单位如何影响行和列。图 198 对应的 CSS 代码如下所示。

```
grid-template-rows: 1fr 1.5fr 2fr 2.5fr 2fr 1.5fr 1fr;
grid-template-columns: 1fr 1.5fr 2fr 2.5fr 2fr 1.5fr 1fr;
```

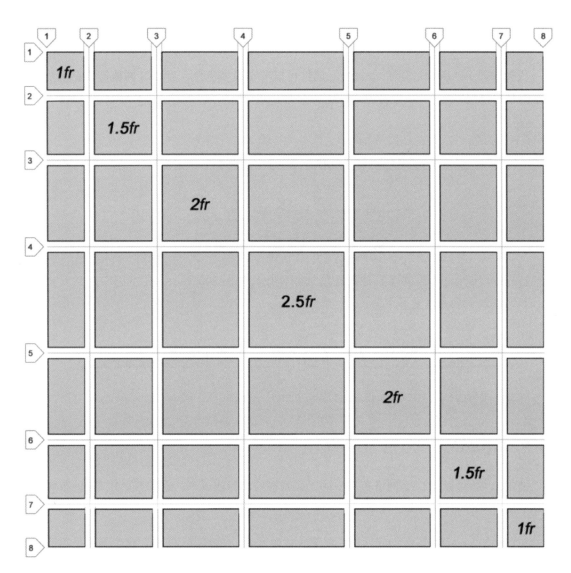

图 198　用 `fr` 单位创建大型布局

17.7　重复值

CSS 网格布局允许重复使用属性值。`repeat` 属性有两个参数：重复的次数以及重复的形式。以下两行代码是等效的。

```
grid-template-columns: repeat(3, 60px 35px);
grid-template-columns: 60px 35px 60px 35px 60px 35px;
```

效果如图 199 所示。显然，repeat 属性可以节省很多精力。当 CSS 网格需要有重复的属性值时，可以用 repeat 属性避免代码冗余。

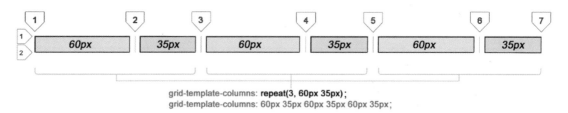

图 199　用 repeat 属性避免代码冗余

repeat 属性也可以夹在其他属性值之间使用，如图 200 所示。在本例中，宽度分别为 15px 和 30px 的两列重复了 3 次。

图 200　grid-template-columns: 50px repeat(3, 15px 30px) 50px;

17.8　span

使用 span 可以让 CSS 网格布局中的子元素横跨多行或多列，这和 HTML Table 布局中的 rowspan 和 colspan 很像。

我们使用 repeat 属性创建网格，以避免代码冗余，如图 201 所示。这个网格是本节的示例样本。为子元素 4 设置 grid-column: span 3; 之后，产生了出乎意料的效果。瞧图中那些空白的区域！之所以如此，是因为横跨 3 列的子元素无法放入原先一行中剩下的区域。

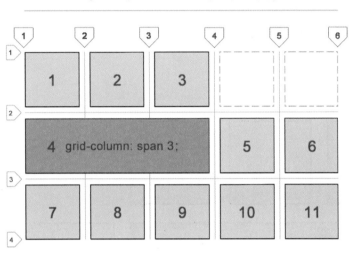

图 201 使用 `grid-column: span 3;` 合并 3 列

在 CSS 网格布局中，span 也可以用于合并多行。如果合并后的子元素高度大于网格的高度，那么 CSS 网格将做相应的调整，如图 202 所示。

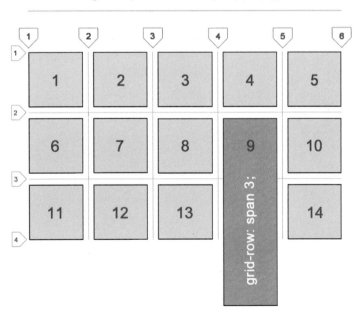

图 202 当子元素超出容器时，CSS 网格会自动调整

也可以同时合并多行和多列，如图 203 所示。

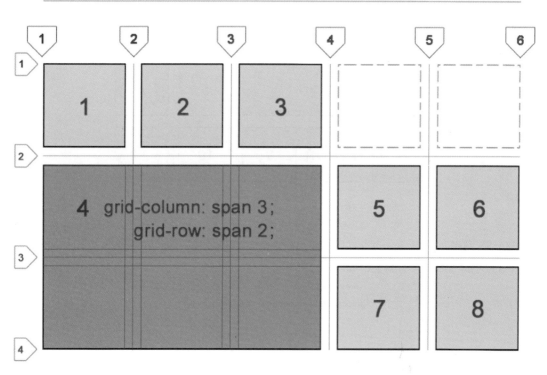

图 203 合并多行和多列

请注意跨行或跨列的子元素周围的子元素如何自适应。所有子元素仍都在网格布局中，但环绕着跨行或跨列的子元素，如图 204 所示。

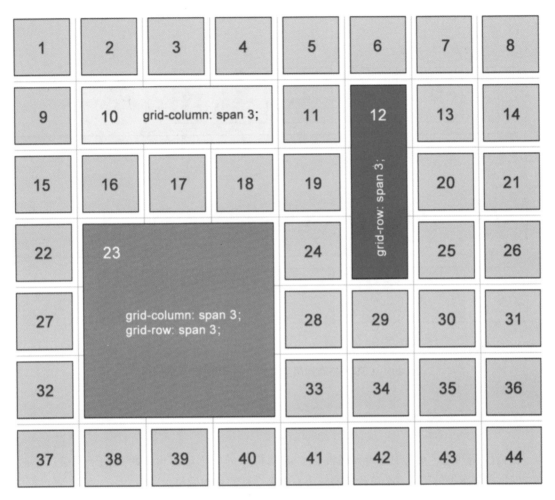

图 204　其他子元素环绕着跨行或跨列的子元素

在试图大范围破坏布局时，我遇到了如图 205 所示的情况。这体现了 CSS 网格布局的主要局限性：它会用空白替换网格。

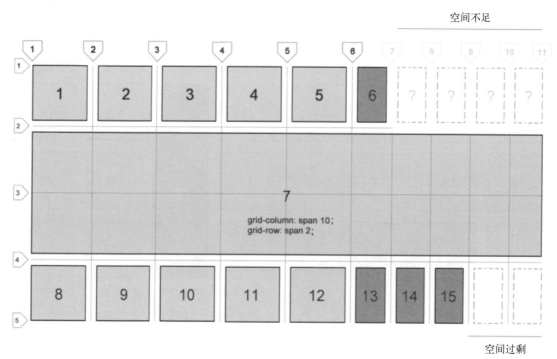

图 205　CSS 网格布局用空白替换被挤出或空余的网格

17.9　起点和终点

我们已经知道，可以用 span 属性在 CSS 网格布局中创建跨行或跨列的子元素。不过，CSS 网格布局还提供了另一个更优雅的解决方案来实现同样的效果。

属性 grid-row-start 和 grid-row-end 可以分别定义子元素在 CSS 网格布局中的起点和终点。对应于列的两个属性是 grid-column-start 和 grid-column-end。此外，还有两个相对应的简写属性：grid-row: 1/2 和 grid-column: 1/2。

这些属性与 span 在原理上略有不同。使用 -start 和 -end，可以将子元素移动到 CSS 网格布局中的其他位置。来看一个简单的例子，如图 206 所示。

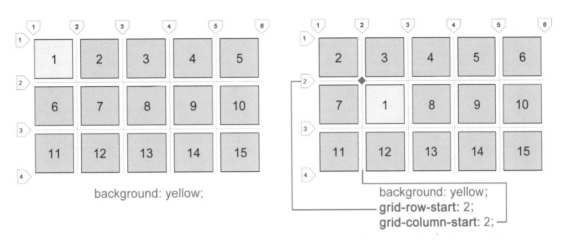

图 206 利用 `grid-row-start` 和 `grid-column-start` 将子元素 1 移动到另一个位置

在图 207 中，我们用 `grid-row-start` 和 `grid-column-start` 设置了子元素 8 的起点。但是需要注意，仅设置起点是无效的，因为子元素 8 已经位于网格布局中的那个位置了。如果在此基础上使用 `grid-row-end` 和 `grid-column-end` 指定终点，就可以实现类似跨行或跨列合并的效果。

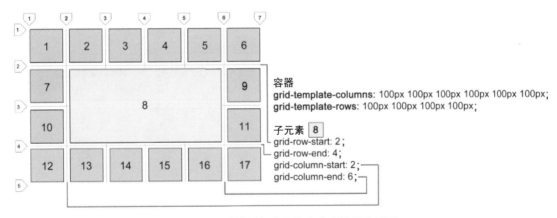

图 207 通过设置起点和终点实现跨行和跨列

有趣的是，CSS 网格布局的设计者认为起点和终点的顺序并不重要。不管行和列的起点和终点顺序如何，都会在对应区域内创建相应的元素，如图 208 所示。

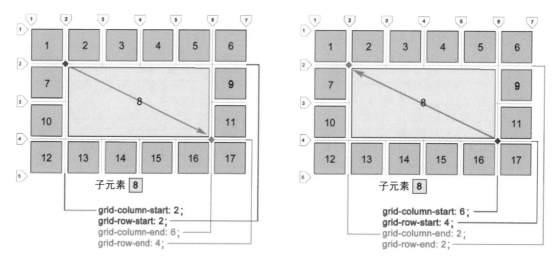

图 208　无论起点和终点的顺序如何，都会产生相同的效果

来看图 209 中的这个 6 × 4 的 CSS 网格布局。如果为某子元素的列指定的结束位置超过了列数（在本例中是大于 6），就会产生如图所示的奇怪效果。

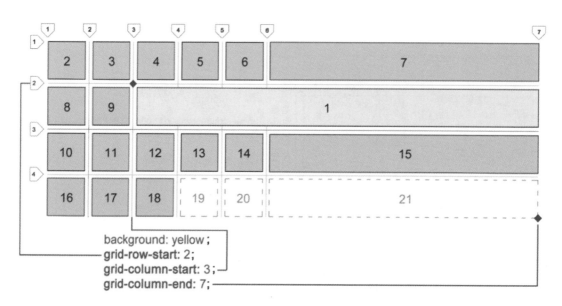

图 209　grid-column-end 的值大于 CSS 网格的列数

在设计布局时，请牢记网格的边界，避免发生这种情况。

17.10　起点和终点的简写形式

与单独使用 -start 和 -end 一样，使用简写属性 grid-row 和 grid-column 也可以实现相同的效果。以图 210 为例，斜杠 / 之前的是起点，斜杠 / 之后的 span 值指定了跨越的宽度或高度。

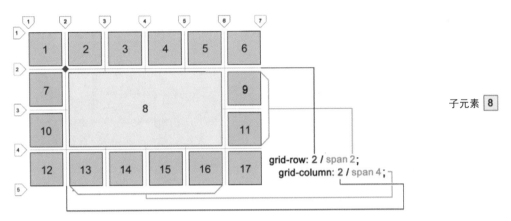

图 210　grid-row 和 grid-column

如果需要跨越到网格的边界，该怎么办呢？当列数或行数未知时，使用 –1 可以将一行或一列直接扩展到网格的边界，如图 211 所示。但是需要注意，一些子元素可能会被挤出网格。

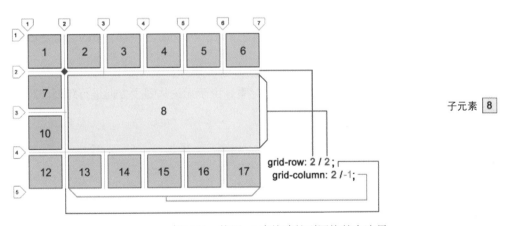

图 211　使用 –1 直接跨越到网格的右边界

如果对行执行相同的操作，可能会发现网格变得很乱，具体取决于提供的属性值组合，如图 212 所示。这个示例仅使用了 10 个子元素，CSS 网格会调整其大小。

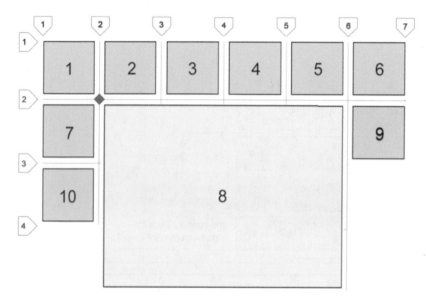

grid-column: 2 / 6;
grid-row: 2 / -1;

图 212　对行执行相同的操作

在尝试对行执行相同的操作时，我发现似乎必须把 grid-column: 2/4; 中的 2/4 更改为 2/6，但前提是设置了 grid-row: 2/-1;。

我们可以对此进行扩展。CSS 网格具有辅助坐标系，由于无论从哪个方向进行跨列和跨行都无关紧要，因此可以使用负值，如图 213 所示。

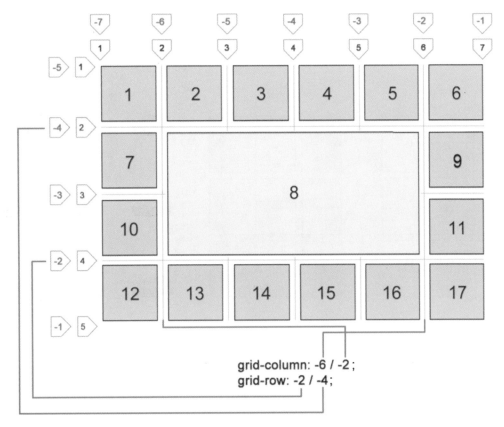

图 213 为 `grid-column` 和 `grid-row` 指定负值

如你所见，CSS 网格的坐标系非常灵活。

17.11 内容对齐方式

假设你已经通过努力精通了 CSS 网格布局的 `span` 属性，并且了解了隐式行和隐式列。现在，你应该好奇还有什么其他知识。

有个好消息。作为网页设计师，我一直渴望实现多方向的浮动效果。我希望元素能够在容器的中间和任何角落浮动。此功能只能利用 CSS 网格布局的 `align-self` 属性和 `justify-self` 属性实现，而无法在任何其他 HTML 元素上实现。如果整个网站的布局都是使用 CSS 网格构建的，那么它可以解决边角元素和中心元素放置的许多问题。

图 214 展示了使用 align-self 属性和 justify-self 属性的例子。组合使用这两个属性及其属性值 start 和 end，就可以产生如图中 9 个网格所示的不同效果。因为效果非常直观，所以这里不再赘述。

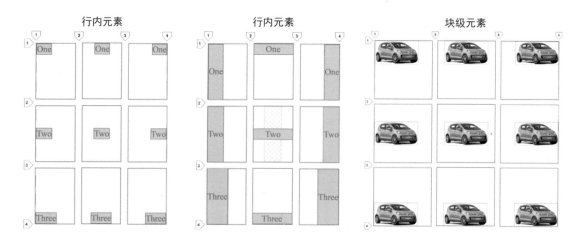

图 214　组合使用 align-self 和 justify-self 的效果

垂直方向：使用 align-self: start; 可以将内容对齐到元素的顶部。与之类似，使用 align-self: end; 可以将内容对齐到元素的底部。

水平方向：使用 justify-self: start; 和 justify-self: end; 分别将内容设置为左对齐和右对齐。与 align-self 相结合，就可以实现图 214 中的所有对齐方式。

图 215 展示了 align-self 分别取属性值 start、center、end 时的效果。

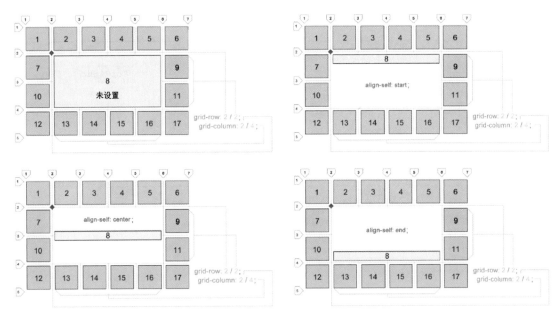

图 215　`align-self` 的不同效果

需要注意的是，`align-self` 并没有名为 `top` 和 `bottom` 的属性值。

在水平方向上可以达到同样效果的属性是 `justify-self`，如图 216 所示。

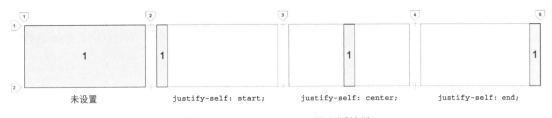

图 216　`justify-self` 的不同效果

在本例中，也可以用 `left` 替换 `start`，或用 `right` 替换 `end`。

17.12　模板区域

模板区域（template area）通过预定义的名称指代网格中的独立部分。预定义的名称不能包含空格，可用 "-" 代替，如图 217 所示。

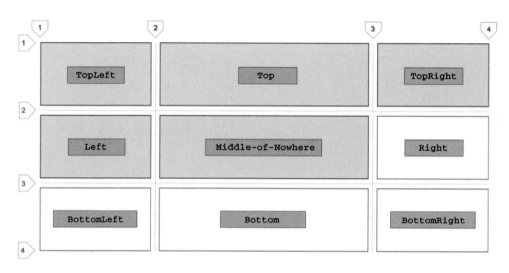

图 217　模板区域示例

一行内的名称可以用双引号包裹，如下所示。

```
grid-template-areas: "TopLeft Top TopRight" "Left Middle-of-Nowhere" "BottomLeft
Bottom BottomRight";
```

在图 217 中，尽管子元素只占用了 5 个网格，但在逻辑上也可以命名尚未被子元素占用的网格。

可以为任何行和列指定一个区域，只需在双引号中键入名称集合，并用空格来分隔名称。这也意味着，**在模板区域名称中不允许有空格**。

在多个容器中组合同名区域非常方便。如图 218 所示，在左栏和右栏中分别有 3 个同名的子元素。CSS 网格模板区域会自动将子元素组合起来，按名称占用相同的空间。

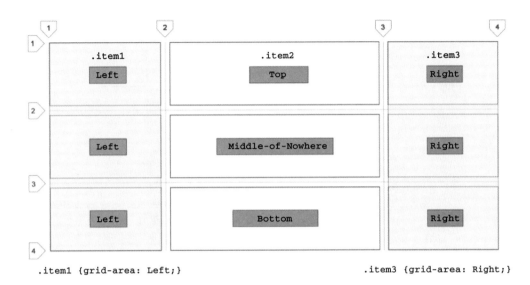

.item1 {grid-area: Left;} .item3 {grid-area: Right;}

图 218　相邻的块合并为更大的区域

确保合并后的区域是矩形，这一点非常重要。在这里玩俄罗斯方块的把戏是没用的。如果不遵循这条规则，就可能破坏 CSS 网格布局，并产生不可预测的结果。

17.13　为网格线命名

随着开发时间的推移，使用数字（包括负数）指代网格线可能会变得难以辨识，在处理复杂的网格布局时尤其如此。在这种情况下，可以在模板的行列之前采用 [名称] 这种形式为网格线命名。

举例来说，grid-template-columns: [left] 100px; 将第 1 条垂直网格线命名为 left。同理，grid-template-rows: [top] 100px; 将第 1 条水平网格线命名为 top。要同时命名多条网格线，可以采用如下形式。

```
grid-template-columns: [left] 5px 5px [middle] 5px 5px [right];
```

这样一来，就可以用 left、middle、right 来引用对应的网格线了，如图 219 所示。

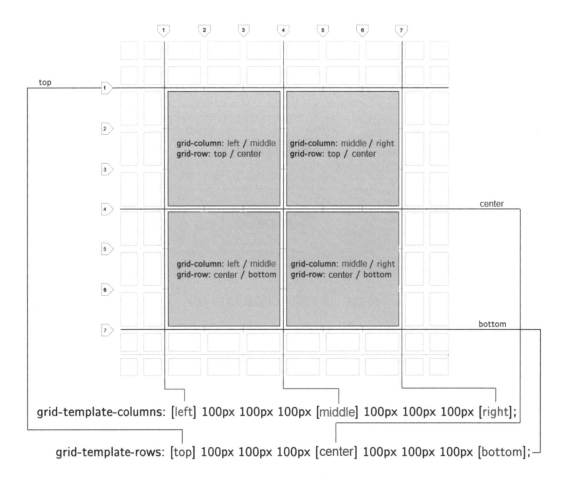

图 219　为网格线命名

命名网格线（也就是间隔）非常有意义。以图 219 为例，将中间线命名为 middle（中间）比称其为"第 4 个间隔"要直观得多。

总之，请记住莫扎特说过的一句话："音乐不在音符里，而在音符间的留白里。"这句话也适用于 CSS 网格布局。

我花了近 8 周的时间绘制本章的示意图，希望你能从中有所收获。当然，我可能有所疏漏——把每一个可能的例子都写下来是一项不可能完成的任务。我很乐意收到你的反馈，以便我在本书的更新版中加入更好的例子。

CSS 与太空中的特斯拉

虽然 CSS 是为网站与 Web 应用程序的布局而生的，但有些才华横溢的用户界面设计师把它用到了极致。有人会说，这样做没有实际意义。然而，这些艺术家通过对 CSS 属性及其属性值的深入理解，创作出了极富挑战性的作品。

图 220 是由前端开发人员 Sasha Tran 完全用 CSS 创作出来的"太空中的特斯拉汽车"[①]。

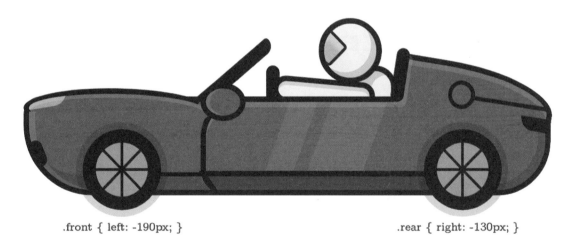

.front { left: -190px; }   .rear { right: -130px; }

图 220　CSS 作品"太空中的特斯拉汽车"，经 Sasha Tran 授权使用

本章将详细讲解如何用 CSS 创建这辆车的各个部分，以及这些部分使用了哪些 CSS 属性。要创作出这样的 CSS 作品，我们需要熟练掌握以下 CSS 属性及其属性值。

---

① 造型灵感来源于 2018 年由 SpaceX 公司的重型运载火箭送入太空的特斯拉跑车。——编者注

❑ overflow

❑ transform

❑ box-shadow

❑ border-radius

即使对于网页设计师来说，创作 CSS 艺术作品也是一个挑战。我们现在正在把从本书中学到的所有知识付诸实践！

把所有元素都变透明之后，可以清晰地看到"太空中的特斯拉汽车"由数个 HTML <div> 元素组成，如图 221 所示。

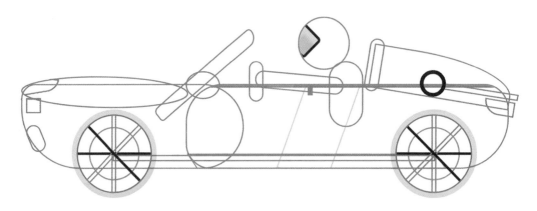

图 221 "太空中的特斯拉汽车"由数个 HTML <div> 元素组成

接下来，我们将分析特斯拉汽车的各个部分。本章末尾会给出这些部分的 CSS 代码。

如图 222 所示，头盔由一个圆和橙色的面罩组成。橙色面罩其实是一个正方形的一部分，它经过旋转后被圆形分割，这是因为 .face 设置了 overflow: hidden;。

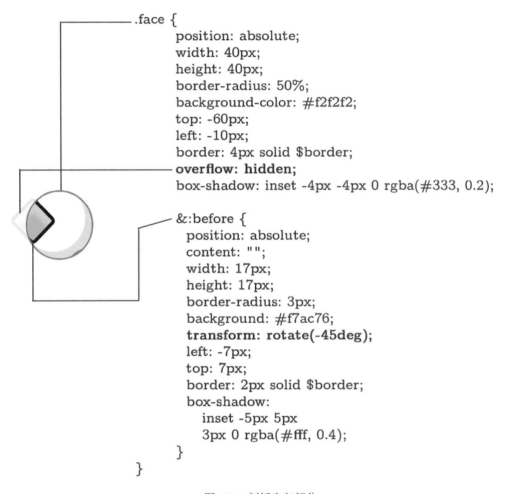

图 222　剖析头盔部分

注意，`&:before` 代码段是用花括号嵌套在 `.face` 中的。这样的写法是通过 Sass 扩展实现的。第 1 章对 Sass 进行过简短的讨论。

当然，也可以用标准 CSS 重写它。方法是把 `&:before` 和花括号中的内容替换为 ID 或类的选择器。

如图 223 所示，发动机盖是一个只旋转了 1 度的长椭圆形。与头盔面罩一样，前车灯用 `overflow: hidden;` 约束在父元素中，隐藏溢出可以帮助我们创建贴近现实物体的复杂不规则形状。

```
&-bumper-top {
    width: 135px;
    height: 23px;
    position: absolute;
    background-color: $car-body;
    border: 4px solid;
    border-radius: 50%;
    top: -8px;
    left: -235px;
    transform: rotate(1deg);
    border-color: $border transparent transparent $border;
    overflow: hidden;
    z-index: 99;
    box-shadow: inset 0 3px 0 rgba(#fff, 0.17);

    .front-light-bulb {
      position: absolute;
      width: 33px;
      height: 10px;
      background:
          rgba(#fff, 0.5);
      transform:
          rotate(-10deg);
      border-radius: 50px 0;
      left: -4px;
      top: 1px;
    }
}
```

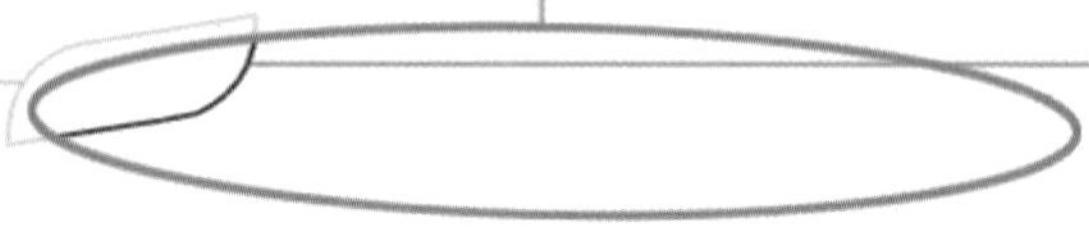

图 223　剖析发动机盖部分

在 CSS 艺术创作中，`overflow: hidden;` 的重要性不容小觑。后车灯的创作方法与前两个例子完全相同，如图 224 所示。汽车的后部是一个经过旋转的矩形，它有一个角是圆角。我们只需凭艺术直觉创造符合自身喜好和风格的形状即可。

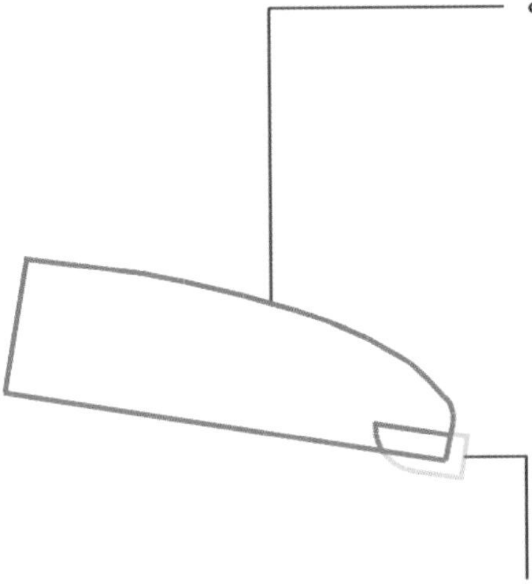

```
&-rear-top {
    position: absolute;
    width: 113px;
    height: 33px;
    background-color: $car-body;
    top: -25px;
    left: 50px;
    border-radius: 0 70% 0 0;
    transform: rotate(9.2deg);
    border: 4px solid;
    border-color:
      $border $border transparent transparent;
    z-index: $hand;
    box-shadow: inset 0 4px 0 rgba(#ff0, 0.17);
    .back-light {
      position: absolute;
      width: 23px;
      height: 10px;
      background-color: $border;
      top: 27px;
      left: 94px;
      z-index: 0;
      border-radius: 0px 0 0 50px;
    }
}
```

图 224　剖析汽车后部

车身是一个很大的矩形 `<div>` 元素，它具有圆角，且内部有阴影，如图 225 所示。

```
&-fender {
    position: absolute;
    top: -2px;
    left: -100px;
    width: 260px;
    height: 65px;
    border-radius: 30px 20px 40px 20px;
    background-color: #ce4038;
    border: 4px solid;
    border-color: $border;
    z-index: $car-rear;
    overflow: hidden;
    box-shadow: inset 0 4px 0 rgba(#fff, 0.17),
      inset -5px -4px 0 rgba(#333, 0.2);
```

图 225　剖析车身部分

轮胎部分再次使用了 Sass/SCSS，如图 226 所示。& 代表该元素（概念上类似于 JavaScript 中的 this），意即该元素本身。第 2 章讨论过，:before 和 :after 是伪元素选择器，实际上属于同一个 HTML 元素。使用它们可以直接创建附加图形，而不用嵌套其他新元素。

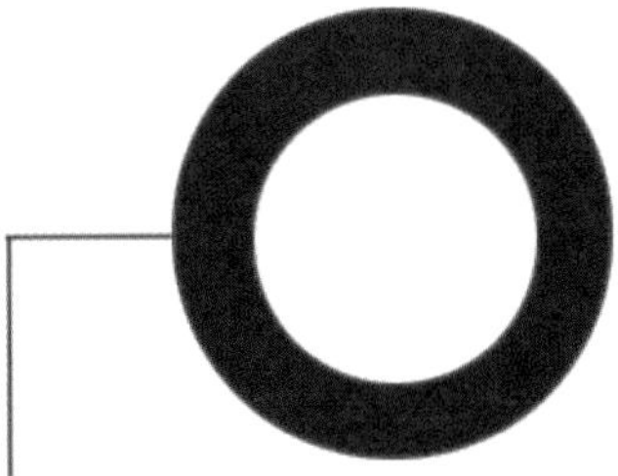

```scss
&-tire {
    .front,.rear {
        width: 60px;
        height: 60px;
        background: $border;
        position: absolute;
        border-radius: 50%;
        top: 22px;
        z-index: $tire;
        display: flex;
        justify-content: center;
        align-items: center;

        &:before {
            position: absolute;
            width: 60px;
            height: 60px;
            content: "";
            border: 5px solid #333;
            opacity: 0.2;
            border-radius: 50%;
        }
    }
}
```

图 226　剖析轮胎部分

现在我们已经知道用 CSS 绘制特斯拉汽车的方法啦！本章只剖析了几个关键的 CSS 属性。为了避免行文冗赘，我跳过了一些常见属性，例如 `top`、`left`、`width`、`height`。

以下给出上述部分的 CSS 代码 [①]。

头盔部分

```
.face {
  position: absolute;
  width: 40px;
  height: 40px;
  border-radius: 50%;
  background-color: #f2f2f2;
  top: -60px;
  left: -10px;
  border: 4px solid $border;
  overflow: hidden;
  box-shadow: inset -4px -4px rgba(#333, 0.2);

  &:before {
    position: absolute;
    content: "";
    width: 17px;
    height: 17px;
    border-radius: 3px;
    background: #f7ac76;
    transform: rotate(-45deg);
    left: -7px;
    top: 7px;
    border: 2px solid $border;
    box-shadow: inset -5px 5px 3px 0 rgba(#fff, 0.4);
  }
}
```

发动机盖部分

```
&-bumper-top {
  width: 135px;
  height: 23px;
  position: absolute;
  background-color: $car-body;
  border: 4px solid;
  border-radius: 50%;
  top: -8px;
```

---

① 若想查看整个作品的完整代码，请访问图灵社区：http://www.ituring.cn/book/2764。——编者注

```
    left: -235px;
    transform: rotate(1deg);
    border-color: $border transparent transparent $border;
    overflow: hidden;
    z-index: 99;
    box-shadow: inset 0 3px 0 rgba(#fff, 0.17);

    .front-light-bulb {
      position: absolute;
      width: 33px;
      height: 10px;
      background: rgba(#fff, 0.5);
      transform: rotate(-10deg);
      border-radius: 50px 0;
      left: -4px;
      top: 1px;
    }
  }
```

汽车后部

```
&-rear-top {
  position: absolute;
  width: 113px;
  height: 33px;
  background-color: $car-body;
  top: -25px;
  left: 50px;
  border-radius: 0 70% 0 0;
  transform: rotate(9.2deg);
  border: 4px solid;
  border-color: $border $border transparent transparent;
  z-index: $hand;
  box-shadow: inset 0 4px 0 rgba(#fff, 0.17);

  .back-light {
    position: absolute;
    width: 23px;
    height: 10px;
    background-color: $border;
    top: 27px;
    left: 94px;
    z-index: 00;
    border-radius: 0px 0 0 50px;
  }
}
```

车身部分

```
&-fender {
  position: absolute;
  top: -2px;
  left: -100px;
  width: 260px;
  height: 65px;
  border-radius: 30px 20px 40px 20px;
  background-color: #ce4038;
  border: 4px solid;
  z-index: $car-rear;
  overflow: hidden;
  box-shadow: inset 0 4px rgba(#777,0.17), inset -5px -4px 0 rgba(#333,0.2);
  ...
}
```

轮胎部分

```
&-tire {
  .front,
  .rear {
    width: 60px;
    height: 60px;
    background: $border;
    position: absolute;
    border-radius: 50%;
    top: 22px;
    z-index: $tire;
    display: flex;
    justify-content: center;
    align-items: center;

    &:before {
      position: absolute;
      width: 60px;
      height: 60px;
      content: "";
      border: 5px solid #333;
      opacity: 0.2;
      border-radius: 50%;
    }
  }
}
```

属性索引

TURING
图灵教育

站在巨人的肩上
Standing on the Shoulders of Giants

TURING
图灵教育

站在巨人的肩上
Standing on the Shoulders of Giants